没有脊椎的动物（无脊椎动物）

海参类（棘皮动物）

海参

红腹海参

海胆或海星（棘皮动物）

规则海胆类

海胆类

海星类

赤海星

珊瑚虫类

奶嘴海葵

水螅虫类

海鳃水螅

水母或海葵（刺胞动物）

钵水母类

海月水母

最初的生命

闪因软海绵

海绵类（海绵动物）

贝类（软体动物）

蜗牛（腹足类）

节庆高泽得蛞蝓

螺类（腹足类）

蝾螺

章鱼或鸟贼（头足类）

石鳖（多板类）

日本花棘石鳖

昆虫（六足动物）

大田鳖

鲎或蜘蛛（螯肢动物）

美洲鲎

蟹或虾（甲壳类）

巨大深水虱

鹅颈巳藤壶

巨螯蟹

龟足

昆虫或虾蟹（节肢动物）

沙蚕及贝类（冠轮动物）

沙蚕类（环节动物）

沙蚕

舌形贝的同类（节肢动物）

腕足动物（化石）

U0344485

餐桌上的生物进化

盛口满的手绘自然图鉴

[日] 盛口满 文·图 程俐 译

中国友谊出版公司

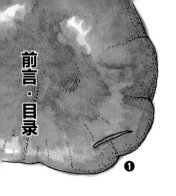

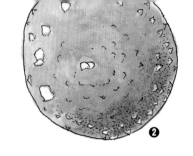

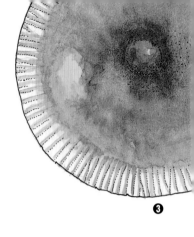

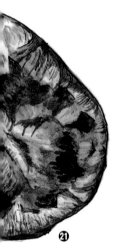

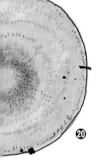

前言

晚餐都有哪些菜？

做这些菜用到了哪些食材？猪肉、蔬菜、蘑菇、鱼、调味料……用到的东西可真不少！下面，我将以一种不同寻常的角度来审视这些食物。

地球具有 46 亿年的历史。据说最初的生命诞生于 40 亿年前。从那时起，菊石、三叶虫、恐龙等各种生物便先后开启了各自的生命旅程。

我们把在漫长的历史长河中发生的生物形态变化称为进化。在漫长的生命历程中，好不容易新生，却最终灭绝的生物不在少数。让我们用食物来探究一下它们的生命历程和进化中的不可思议之处吧！

你吃过哪些蘑菇

——菌盖的俯视图——

Q：你知道❶~㉑这些蘑菇的名字吗？答案在第 63 页。

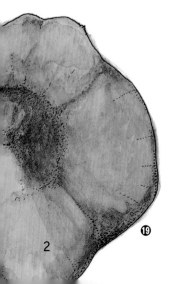

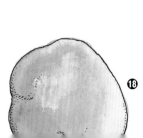

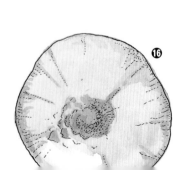

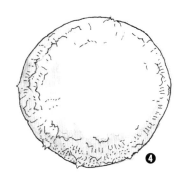

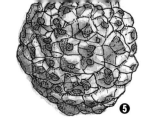

④

⑤

⑥

⑦

⑧

⑨

⑩

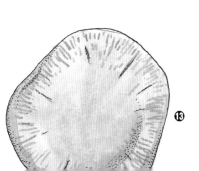

⑬

⑫

⑪

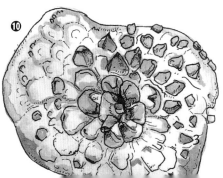

菲律宾蛤仔大收藏

日本熊本

夏威夷（意大利餐厅）

日本东京（饭店的早餐）

无论是今晚味增汤中添加的贝壳，还是去年暑假在海边拾到的贝壳，它们坚固的外形都可以保持多年不变。我们将各种贝壳的左壳进行了排列。

日本福冈（养殖）

日本千叶（庆功宴）

日本伊豆（庆功宴）

日本北海道

这是在日本捡到的绳文时代（约 6000 年前）的丽文蛤。壳身虽已完全泛白，但仍很坚固。日本东京湾沿岸的贝冢中也出土了大量的丽文蛤。

文蛤

数千年前，人们就已经开始食用与现在相同的贝类品种。不过近年来，人们也开始食用从不同国家引入繁殖的贝类。

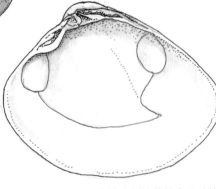

丽文蛤
过去，丽文蛤在各地都很常见。不过，现在很多产地都已经找不到它们的踪影，它们正在慢慢地消失。

文蛤内侧的花纹会因种的不同而各异。

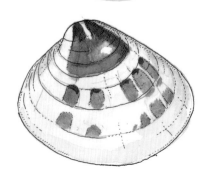

西表岛月之滨文蛤
可以在日本冲绳县的河口处找到，有灭绝的危险。

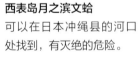

佐敷文蛤
一种栖息在日本的文蛤，不过数十年前已经灭绝。

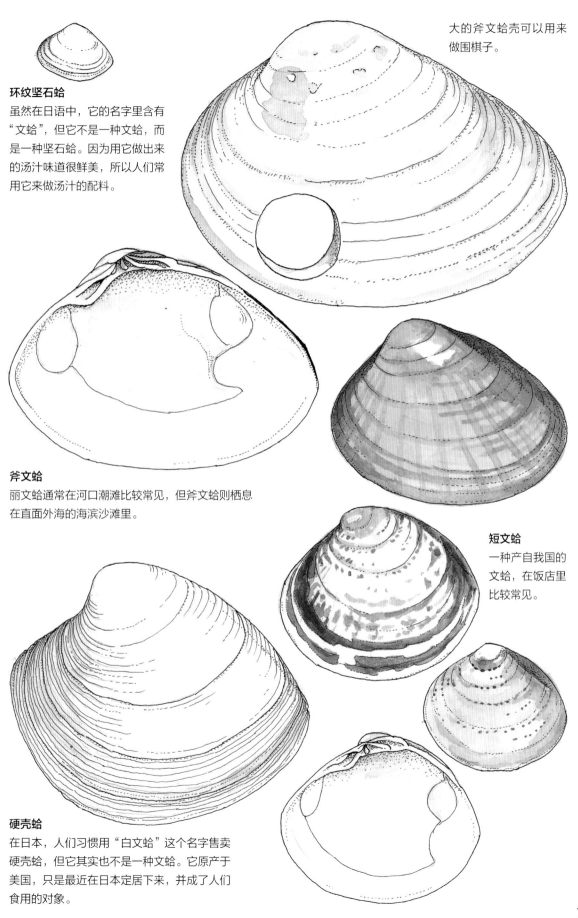

环纹坚石蛤
虽然在日语中，它的名字里含有"文蛤"，但它不是一种文蛤，而是一种坚石蛤。因为用它做出来的汤汁味道很鲜美，所以人们常用它来做汤汁的配料。

大的斧文蛤壳可以用来做围棋子。

斧文蛤
丽文蛤通常在河口潮滩比较常见，但斧文蛤则栖息在直面外海的海滨沙滩里。

短文蛤
一种产自我国的文蛤，在饭店里比较常见。

硬壳蛤
在日本，人们习惯用"白文蛤"这个名字售卖硬壳蛤，但它其实也不是一种文蛤。它原产于美国，只是最近在日本定居下来，并成了人们食用的对象。

约 20 万年前的贝壳化石（日本）

与现在北部沿海常见的贝类相比，许多贝类曾经的栖息地要寒冷得多。（★记号）

美洲帘蛤★

目前，这种贝类在日本北部海域常见。人们在日本东京湾沿岸发现了美洲帘蛤的化石，除此之外，韩国人的餐桌上也能找到美洲帘蛤。

贝壳化石

　　我捡到了数十万年前的贝壳化石。这些被发现的贝壳都曾栖息在比现在更冷的大海中。

　　数十万年间，气候似乎发生了巨大的变化。但是我发现的这些贝类大都与现在的种类相同。

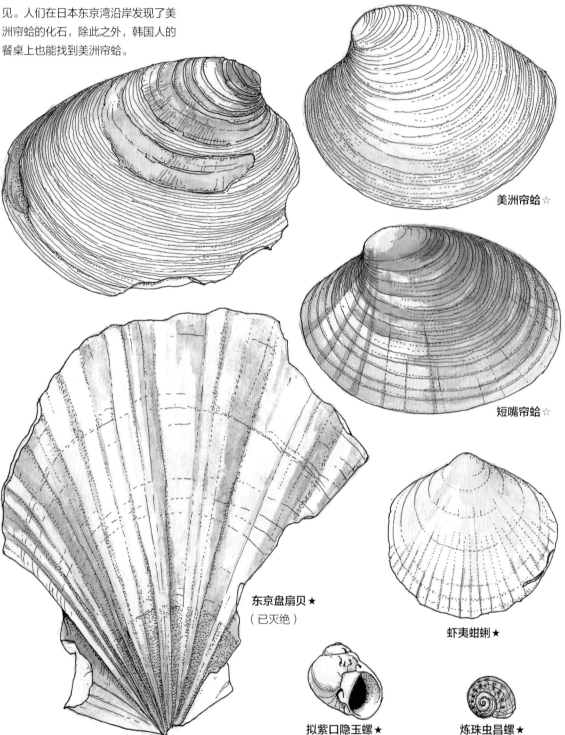

美洲帘蛤☆

短嘴帘蛤☆

东京盘扇贝★
（已灭绝）

虾夷蚶蜊★

拟紫口隐玉螺★

炼珠虫昌螺★

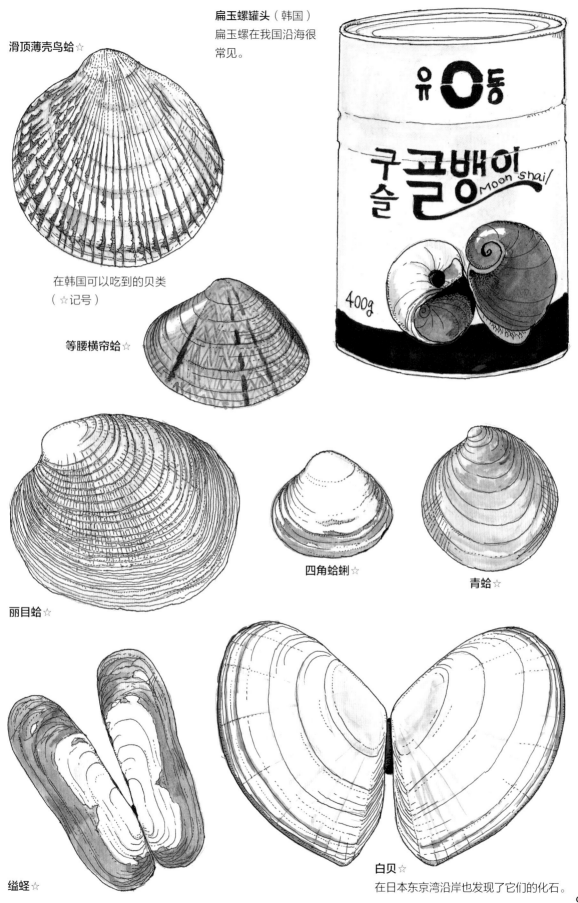

滑顶薄壳鸟蛤☆

在韩国可以吃到的贝类
（☆记号）

扁玉螺罐头（韩国）
扁玉螺在我国沿海很
常见。

等腰横帘蛤☆

丽目蛤☆

四角蛤蜊☆

青蛤☆

缢蛏☆

白贝☆
在日本东京湾沿岸也发现了它们的化石。

9

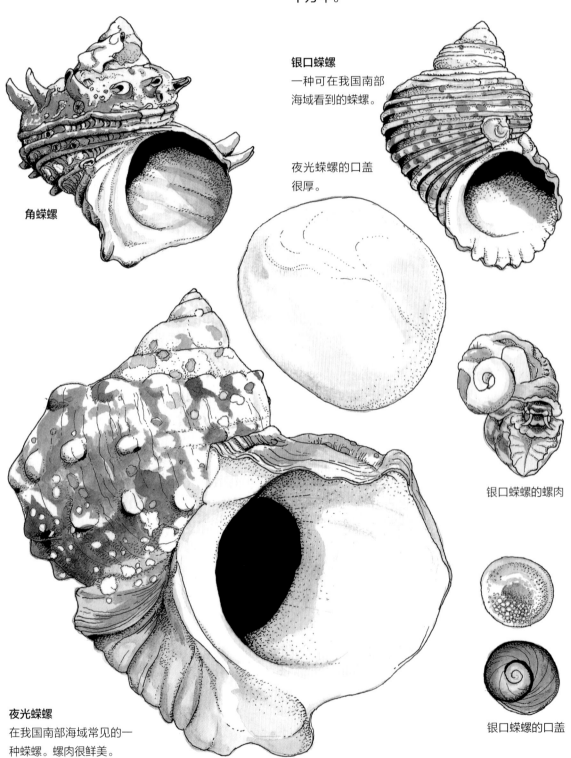

软体动物

海洋中的贝类·
院子里的贝类

贝类虽然在海中很常见，但也有生活在河流、池塘或院子里的贝类。

我们在院子里找到的蜗牛曾是生活在海中的螺。原本栖息在海中的螺能登上陆地生活，应该需要漫长的时间——数百万年，也许数千万年。

银口蝾螺
一种可在我国南部海域看到的蝾螺。

夜光蝾螺的口盖很厚。

角蝾螺

银口蝾螺的螺肉

夜光蝾螺
在我国南部海域常见的一种蝾螺。螺肉很鲜美。

银口蝾螺的口盖

10

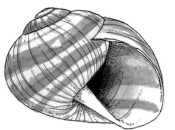

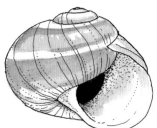

胜连蜗牛（日本）
约两万年前的化石。
生活在陆地上的蜗牛
很难变成化石，人们
目前尚未搞清蜗牛的
历史。

蜗牛中也有供人们食用的
品种。欧洲常见的法国大
蜗牛就是其中的代表。

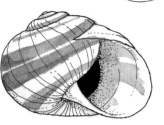

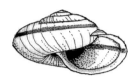

三条蜗牛
一种在日本常见
的蜗牛。

琉球球壳蜗牛
过去，人们曾食用这种蜗牛。

左旋螺

法国大蜗牛罐头
（法国）

大赤蜗牛
栖息在南美亚马
孙森林里的巨型
蜗牛。

褐云玛瑙螺
这种螺原产于非洲，
因为可以食用被引进
日本，但之后并没有
被广泛食用，反而成
了田里的害虫。在法
国，它被用作法国大
蜗牛（食用蜗牛）的
替代品。

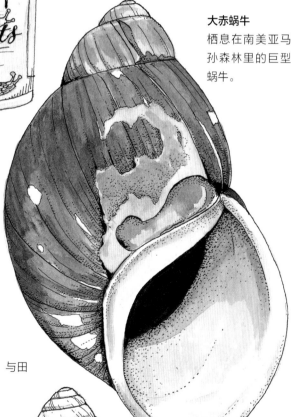

膨胀大山蜗牛
一种带口盖的蜗牛，与田
螺相似。

中国圆田螺
一种生活在池塘或水
田中的螺，可食用。

伊平屋岛蜗牛
地域不同，发现的蜗牛种类也不相同。这是日
本特有的蜗牛种类。

11

乌贼骨

其实，章鱼、乌贼和贝类同属于软体动物。

1亿年前，在恐龙繁盛时期，海洋里栖息着"菊石"这种章鱼和乌贼的同类。菊石拥有非常漂亮的外壳。从餐桌上的乌贼骨中我们能窥见这种外壳的影子。

菊石
恐龙时代繁荣一时的生物。

卷壳乌贼
栖息在深海的乌贼，偶尔也会漂流到海岸，它的外壳形状和菊石相似。

萤乌贼

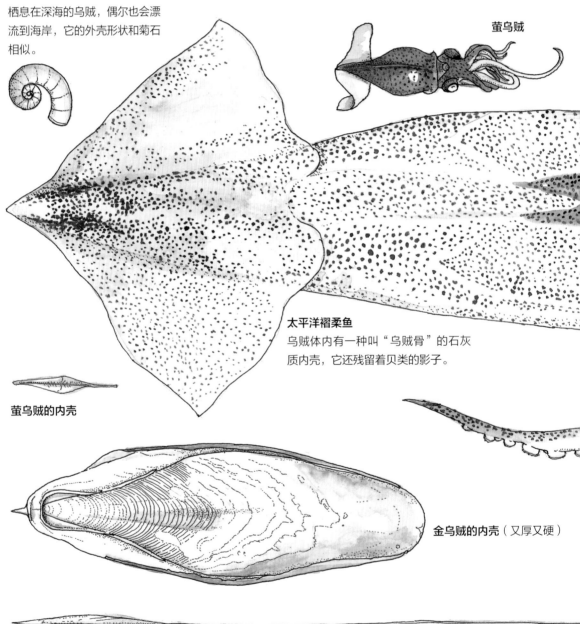

太平洋褶柔鱼
乌贼体内有一种叫"乌贼骨"的石灰质内壳，它还残留着贝类的影子。

萤乌贼的内壳

金乌贼的内壳（又厚又硬）

太平洋褶柔鱼的内壳（很薄）

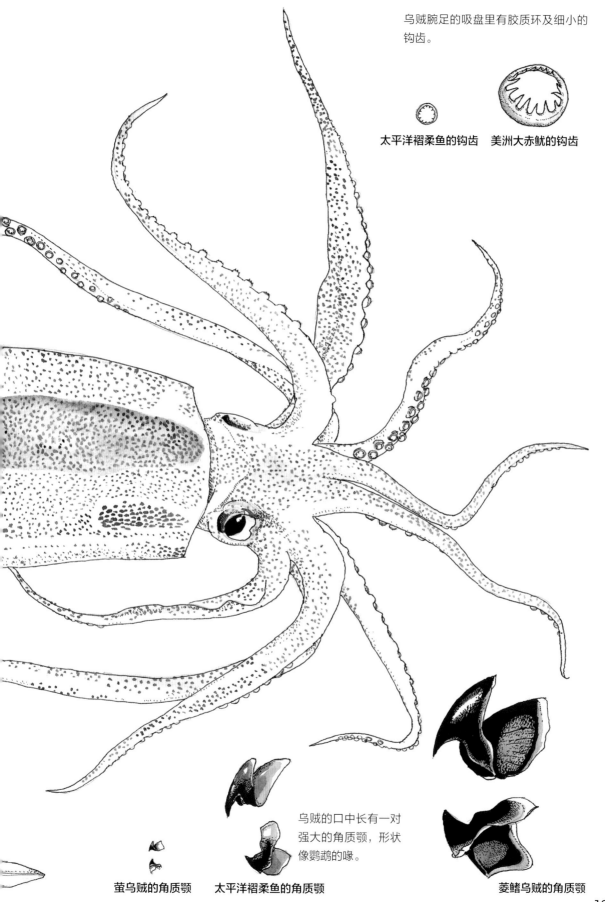

乌贼腕足的吸盘里有胶质环及细小的钩齿。

太平洋褶柔鱼的钩齿　　美洲大赤鱿的钩齿

乌贼的口中长有一对强大的角质颚，形状像鹦鹉的喙。

萤乌贼的角质颚　　太平洋褶柔鱼的角质颚　　　　　　菱鳍乌贼的角质颚

长相酷似却不同属的贝类

在距今约 5.4 亿年到 2.5 亿年前的古生代，腕足类 * 盛极一时。虽然，腕足类的外形与双壳贝类极为相似，但它们并非同类。时代不同，繁盛的生物群落也会有所差异。双壳贝类出现在之后的中生代。

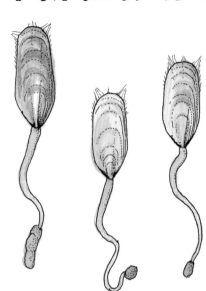

腕足类与双壳贝类十分相似，不过它们的壳长在腹部和脊背上。

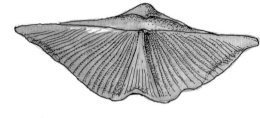

古生代泥盆纪的腕足类化石
腕足类在古生代非常繁盛，但之后因为竞争不过真正的贝类，仅有少数的种类得以幸存下来。

鸭嘴海豆芽
我国有些地区的人们有食用鸭嘴海豆芽的习惯。鸭嘴海豆芽并不是真正的贝类，而是一种腕足类海洋生物。

（右）

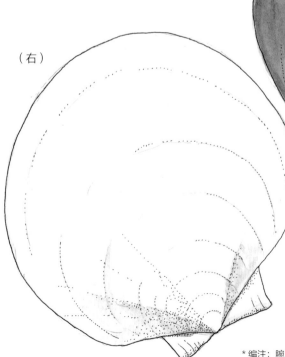

（左）

美丽日本日月贝
属于双壳贝类，左壳和右壳的颜色完全不同。

* 编注：腕足类指的是腕足动物门，这类动物的体外有两壳，长得很像双壳贝类。

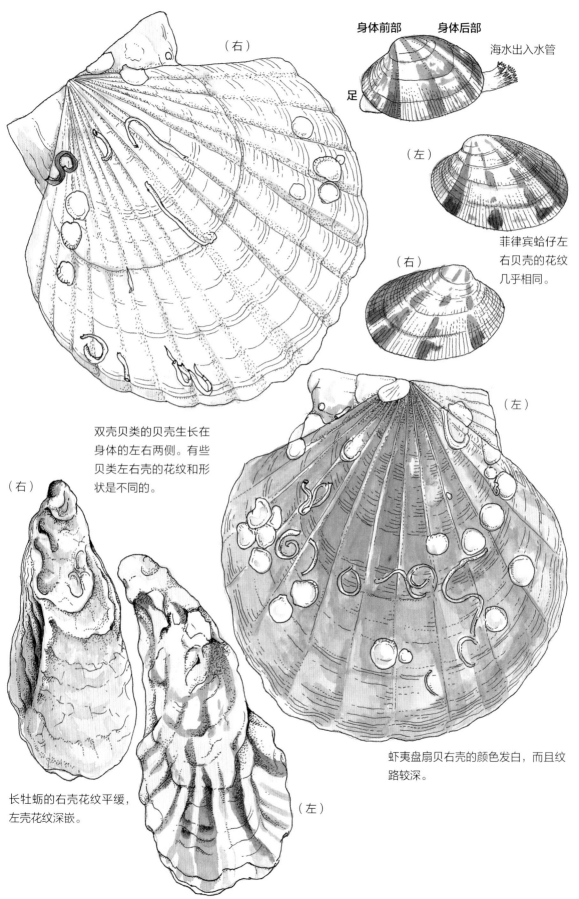

（右）

身体前部　　　身体后部

海水出入水管

足

（左）

菲律宾蛤仔左右贝壳的花纹几乎相同。

（右）

双壳贝类的贝壳生长在身体的左右两侧。有些贝类左右壳的花纹和形状是不同的。

（右）

（左）

虾夷盘扇贝右壳的颜色发白，而且纹路较深。

长牡蛎的右壳花纹平缓，左壳花纹深嵌。

（左）

15

王者的真面目

说起蟹，大家都知道哪些呢？

堪察加拟石蟹、伊氏毛甲蟹、武装深海蟹……其中，堪察加拟石蟹身形硕大，味道鲜美，堪称"蟹中之王"。但令人意外的是，堪察加拟石蟹并不是真正的蟹，而是寄居蟹*。

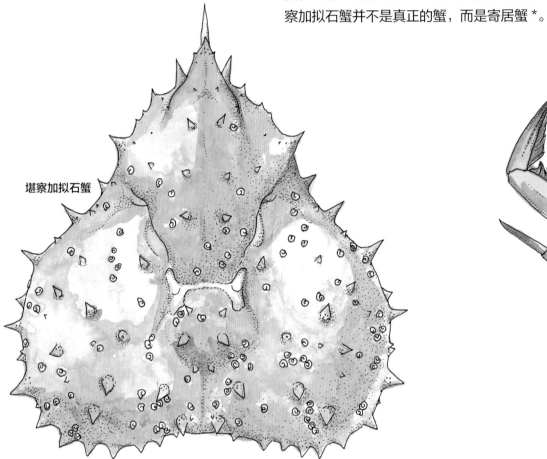

堪察加拟石蟹

堪察加拟石蟹罐头（日本）
堪察加拟石蟹看起来只有 4 对足、8 条腿。其实它的第 5 对用于清扫蟹鳃的足很小。

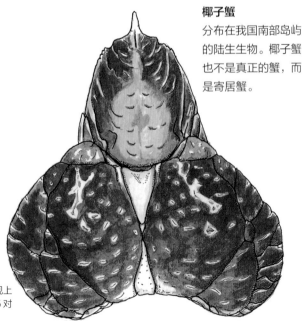

椰子蟹
分布在我国南部岛屿的陆生生物。椰子蟹也不是真正的蟹，而是寄居蟹。

编注：真正的蟹类一般指的是甲壳纲短尾下目下的蟹，它们外观上有 5 对足、10 条腿，而寄居蟹外观上只有 4 对足、8 条腿，第 5 对足退化缩小进壳里。

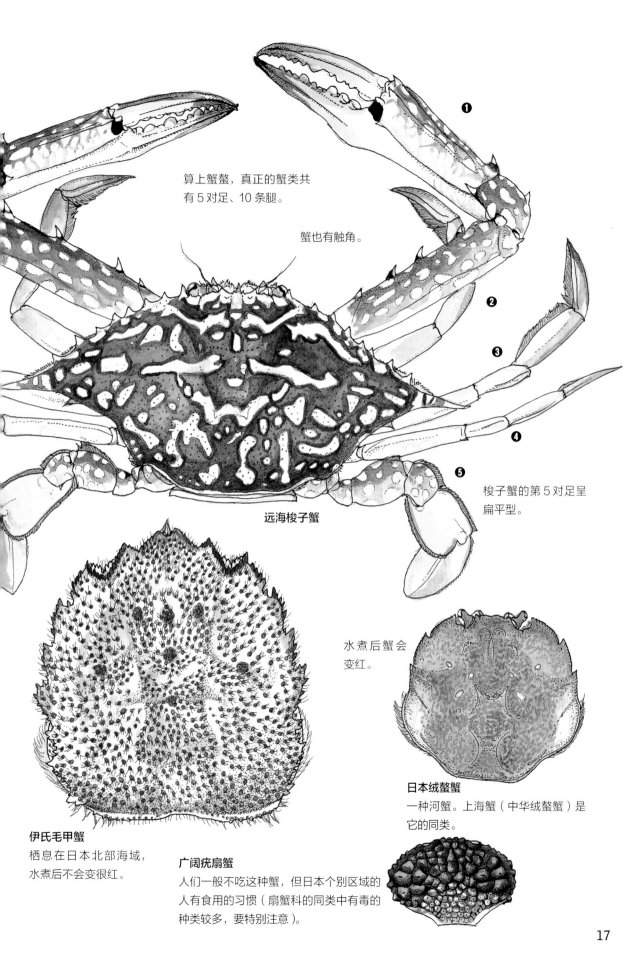

算上蟹螯，真正的蟹类共有 5 对足、10 条腿。

蟹也有触角。

❶

❷

❸

❹

❺

梭子蟹的第 5 对足呈扁平型。

远海梭子蟹

水煮后蟹会变红。

日本绒螯蟹
一种河蟹。上海蟹（中华绒螯蟹）是它的同类。

伊氏毛甲蟹
栖息在日本北部海域，水煮后不会变很红。

广阔疣扇蟹
人们一般不吃这种蟹，但日本个别区域的人有食用的习惯（扇蟹科的同类中有毒的种类较多，要特别注意）。

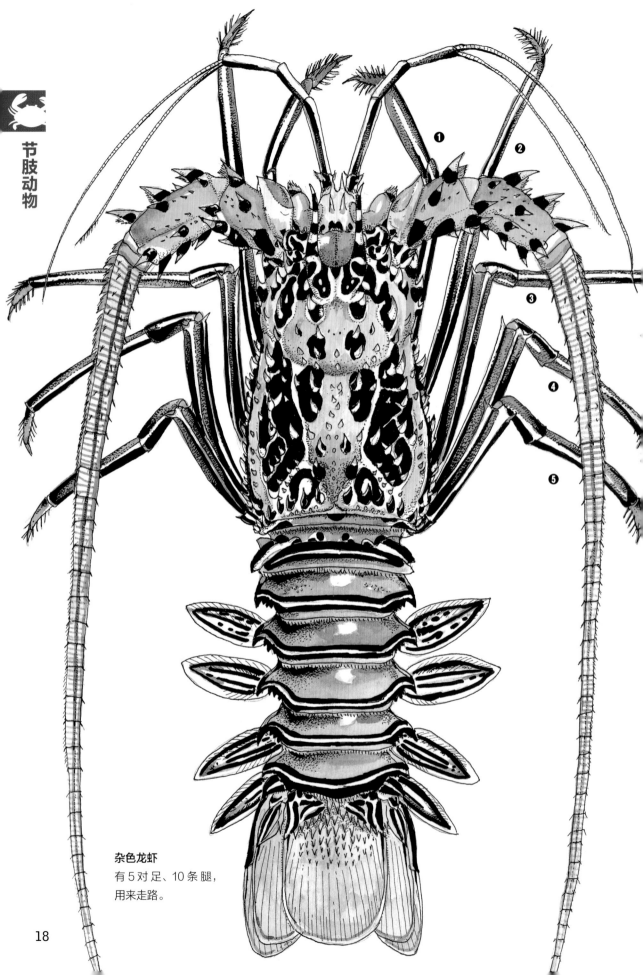

❶

❷

❸

❹

❺

杂色龙虾
有 5 对足、10 条腿，
用来走路。

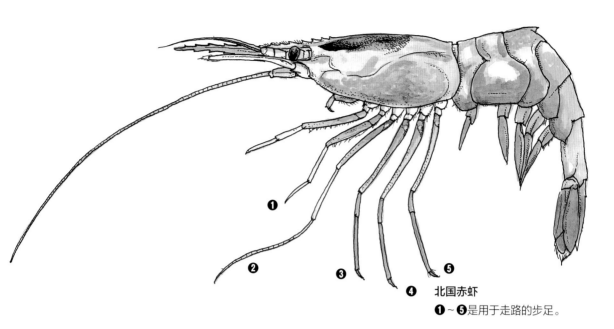

❶
❷
❸
❺
❹ 北国赤虾
❶~❺是用于走路的步足。

谁是祖先

    蟹有 10 条腿。那么虾有几条腿呢？虾也有 10 条腿。蟹和虾同属于十足目。其实，虾是蟹的祖先，蟹是虾进化成特别形态后的产物。

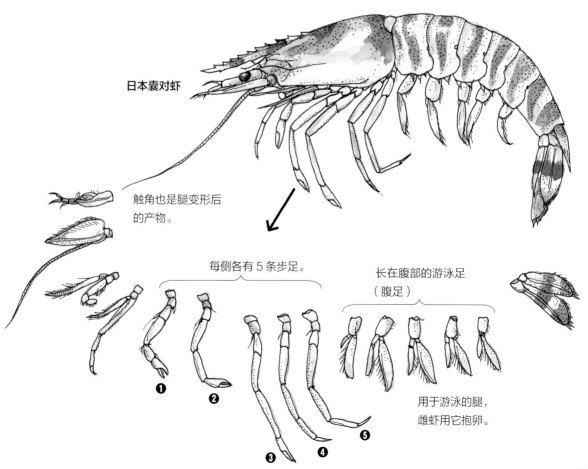

日本囊对虾

触角也是腿变形后的产物。

每侧各有 5 条步足。

长在腹部的游泳足（腹足）

❶
❷
❸
❹
❺

用于游泳的腿，雌虾用它抱卵。

19

蟹脐的秘密

节肢动物

蟹是进化成特殊形态后的虾。它的腹部退化呈扁平状，卷贴在胸甲下。

蟹的腹部被称作"蟹脐"。让我们拨开蟹脐，确认一下里面是否长有腿吧！

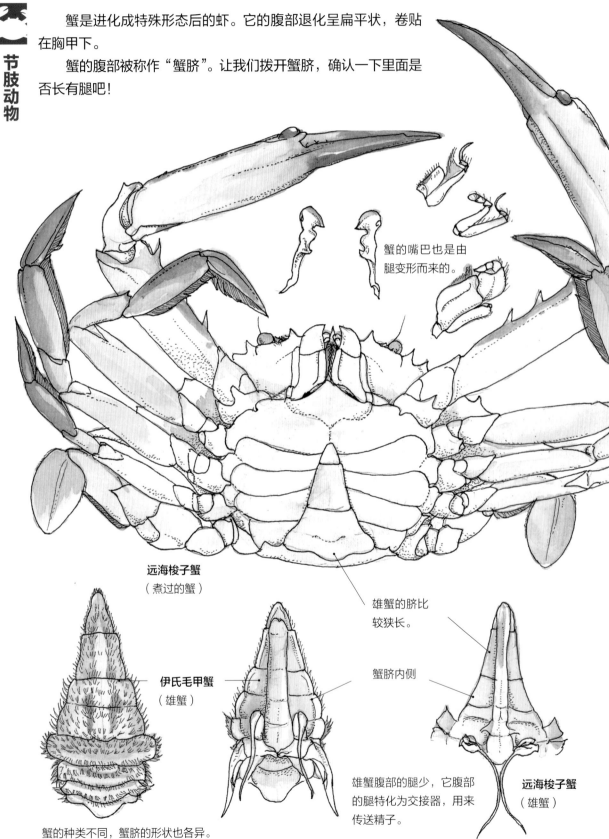

蟹的嘴巴也是由腿变形而来的。

远海梭子蟹
（煮过的蟹）

伊氏毛甲蟹
（雄蟹）

雄蟹的脐比较狭长。

蟹脐内侧

远海梭子蟹
（雄蟹）

雄蟹腹部的腿少，它腹部的腿特化为交接器，用来传送精子。

蟹的种类不同，蟹脐的形状也各异。

20

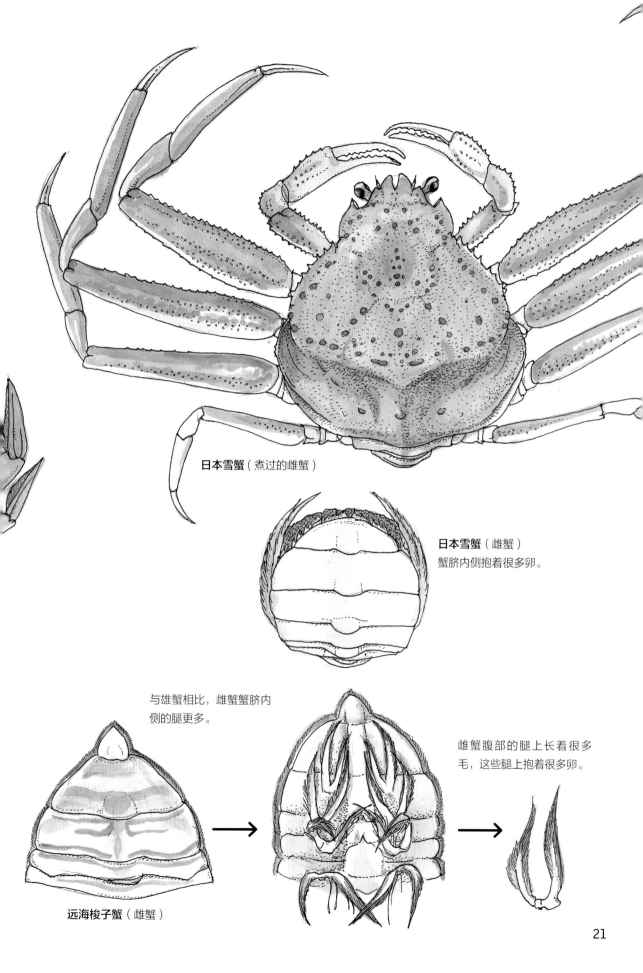

日本雪蟹（煮过的雌蟹）

日本雪蟹（雌蟹）
蟹脐内侧抱着很多卵。

与雄蟹相比，雌蟹蟹脐内
侧的腿更多。

雌蟹腹部的腿上长着很多
毛，这些腿上抱着很多卵。

远海梭子蟹（雌蟹）

小鳀鱼的同学

体外包裹坚硬外壳的虾或蟹，经过多次蜕皮后长大。
刚从卵中孵化出来的小虾、小蟹，与它们父母的长相不同。

无论是虾、蟹还是鱼，孵化
后都会在水中浮游一段日子
（浮游生物）。让我们来观察
一下和小鳀鱼一起被捕获的
各种生物幼体吧。

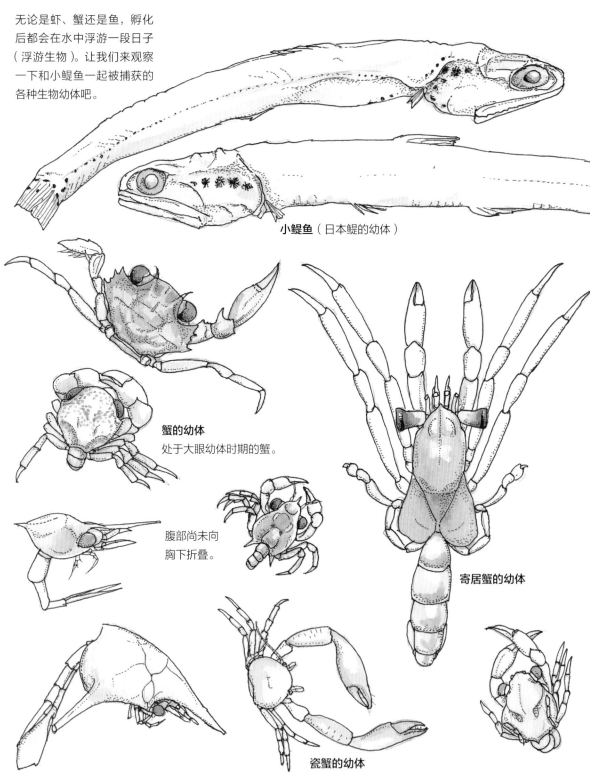

小鳀鱼（日本鳀的幼体）

蟹的幼体
处于大眼幼体时期的蟹。

腹部尚未向
胸下折叠。

寄居蟹的幼体

瓷蟹的幼体

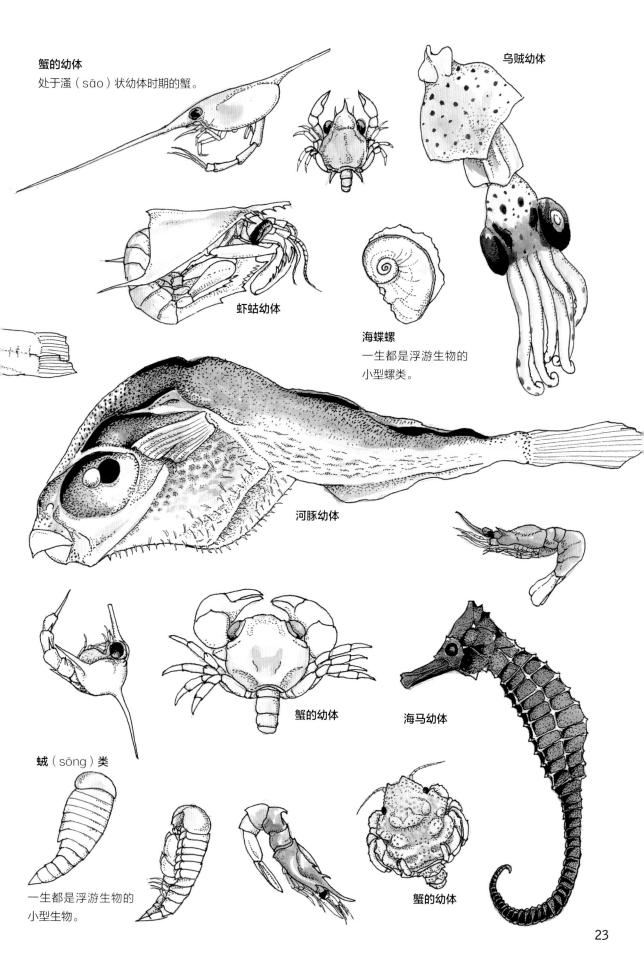

蟹的幼体
处于溞（sāo）状幼体时期的蟹。

乌贼幼体

虾蛄幼体

海蝶螺
一生都是浮游生物的
小型螺类。

河豚幼体

蛾（sōng）类

蟹的幼体

海马幼体

一生都是浮游生物的
小型生物。

蟹的幼体

同类是谁

以"活化石"著称的鲎（hòu）是谁的同类？

不是蟹的同类，而是蝎子和蜘蛛的同类。

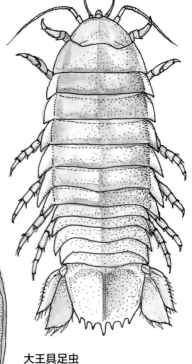

大王具足虫
生活在深海。人们通常不吃它，但也不是不能吃。从广义上讲，它是虾和蟹的同类，与西瓜虫（鼠妇）的亲缘关系特别近。

节肢动物：
- 鲎类
- 蜈蚣、马陆
- 虾、蟹
- 昆虫

鲎
在我国，鲎受到保护。虽然它的肉有毒，但在有些国家也被食用。

剥去壳，会露出脚。

龟足
一种固着在海岸岩壁上的生物。用盐水煮着吃很美味。龟足、藤壶虽然长着类似贝类的壳，却与蟹是同类。

以"活化石"著称的鲎生活在海中，和蜘蛛同属于螯肢类。鲎没有触角。

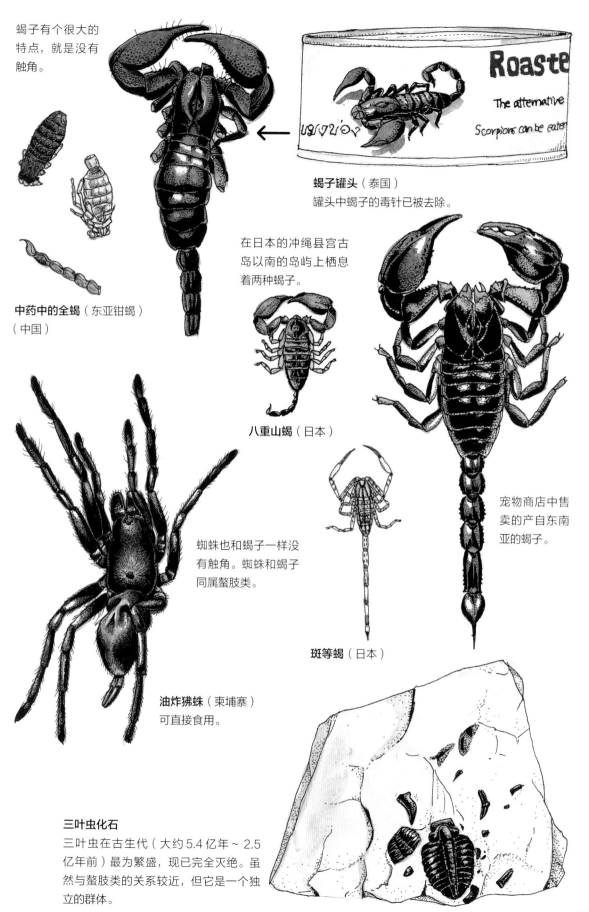

蝎子有个很大的特点，就是没有触角。

蝎子罐头（泰国）
罐头中蝎子的毒针已被去除。

中药中的全蝎（东亚钳蝎）（中国）

在日本的冲绳县宫古岛以南的岛屿上栖息着两种蝎子。

八重山蝎（日本）

蜘蛛也和蝎子一样没有触角。蜘蛛和蝎子同属螯肢类。

斑等蝎（日本）

宠物商店中售卖的产自东南亚的蝎子。

油炸狒蛛（柬埔寨）
可直接食用。

三叶虫化石
三叶虫在古生代（大约5.4亿年～2.5亿年前）最为繁盛，现已完全灭绝。虽然与螯肢类的关系较近，但它是一个独立的群体。

昆虫的诞生

大约在距今 3 亿年前，生活在海中的生物慢慢开始登上陆地。

其中，最成功的例子就是昆虫。现在，昆虫已经发展成为世界上种类最多的生物群体。有些地区的人会有选择地食用昆虫。

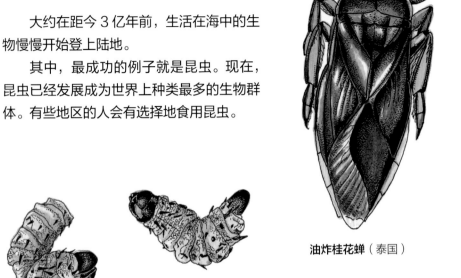

油炸桂花蝉（泰国）

半目大蚕蛾的幼虫干（非洲）

油炸黄粉虫（美国）

盐水煮蝉的幼虫（中国）

田鳖酱油（泰国）
田鳖是蜻的同类，雄虫会释放气味。这种带有田鳖气味的酱油非常畅销。

盐水煮蚕蛹（韩国）

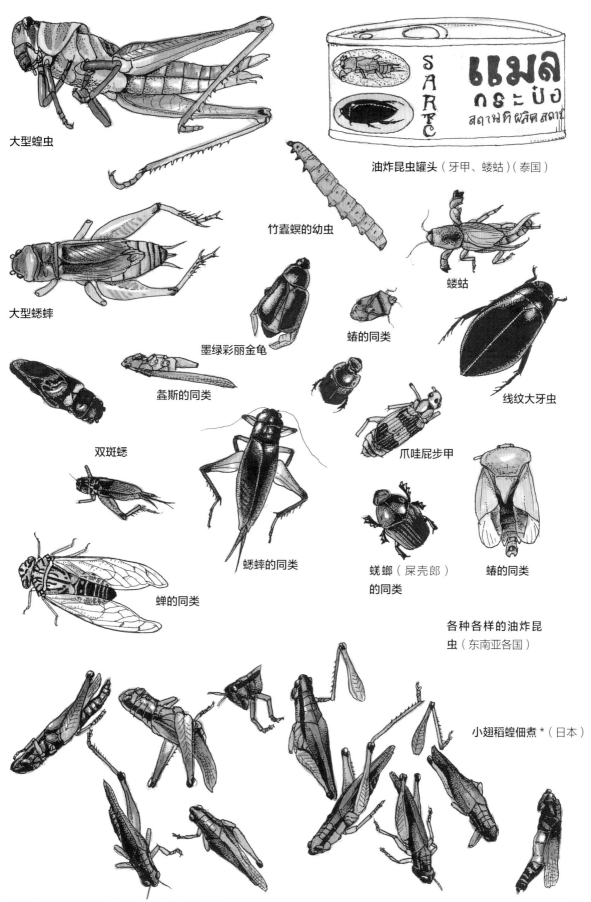

大型蝗虫

油炸昆虫罐头（牙甲、蝼蛄）（泰国）

竹蠹螟的幼虫

大型蟋蟀

蝼蛄

墨绿彩丽金龟

蝽的同类

蠡斯的同类

线纹大牙虫

双斑蟋

爪哇屁步甲

蝲蝗（屎壳郎）
的同类

蝽的同类

蟋蟀的同类

蝉的同类

各种各样的油炸昆
虫（东南亚各国）

小翅稻蝗佃煮 *（日本）

* 译注：佃煮是指甜烹海味，以盐、糖、酱油等烹煮鱼、贝、肉、蔬菜和海藻而成的日本食品。这种食品味道浓重，存放期较长。

完全变态

昆虫能够在陆地上繁盛的原因之一，在于它们成功地拥有了翅膀。

最开始的昆虫和蜻蜓一样，都无法折叠翅膀，而且像蟑螂一样——从卵中孵化出来的幼虫，除了没有翅膀之外，其他部分基本上都与成虫相同。后来随着时间的推移，需要经历卵、幼虫、蛹、成虫——完全变态发育的昆虫，如蝶、蜂、金龟子等出现了。

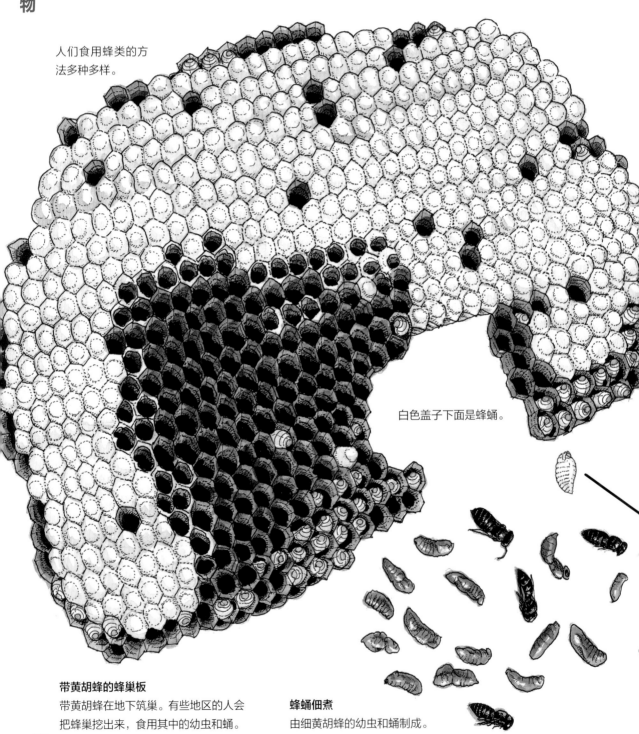

人们食用蜂类的方法多种多样。

白色盖子下面是蜂蛹。

带黄胡蜂的蜂巢板
带黄胡蜂在地下筑巢。有些地区的人会把蜂巢挖出来，食用其中的幼虫和蛹。

蜂蛹佃煮
由细黄胡蜂的幼虫和蛹制成。

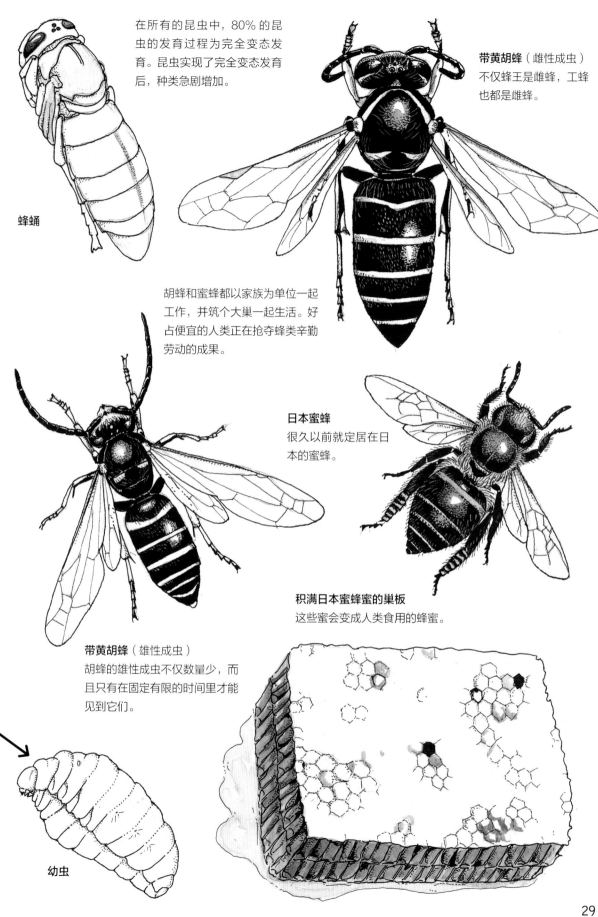

蜂蛹

在所有的昆虫中，80% 的昆虫的发育过程为完全变态发育。昆虫实现了完全变态发育后，种类急剧增加。

带黄胡蜂（雌性成虫）
不仅蜂王是雌蜂，工蜂也都是雌蜂。

胡蜂和蜜蜂都以家族为单位一起工作，并筑个大巢一起生活。好占便宜的人类正在抢夺蜂类辛勤劳动的成果。

日本蜜蜂
很久以前就定居在日本的蜜蜂。

积满日本蜜蜂蜜的巢板
这些蜜会变成人类食用的蜂蜜。

带黄胡蜂（雄性成虫）
胡蜂的雄性成虫不仅数量少，而且只有在固定有限的时间里才能见到它们。

幼虫

最初的鱼

　　大约在距今 5 亿年前，地球上出现了最初的"鱼"。它们是存活至今的日本七鳃鳗的同类。

　　这些被称为"无颌类"的最初鱼类没有可以上下咬合的颌骨。不过，追本溯源，现在缤纷多姿的鱼类曾经也都长那个样子。

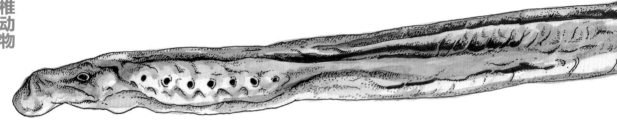

日本七鳃鳗鱼干
日本七鳃鳗是一种原始鱼类，没有上下颌，
口呈吸盘状。眼睛后面长有鳃孔。

我们发现了距今约 4.09 亿年前的鲨鱼
全身化石，鲨鱼可以用来做鱼糕或鱼翅
汤等。

大白鲨

大白鲨

各种鲨鱼的牙齿化石

距今约 20 万年前的鲨鱼的牙齿化石。

巨齿鲨的牙齿化石
巨齿鲨已经灭绝。据人们推测，巨齿鲨
的体长在 12m 以上。

半锯齿鲨

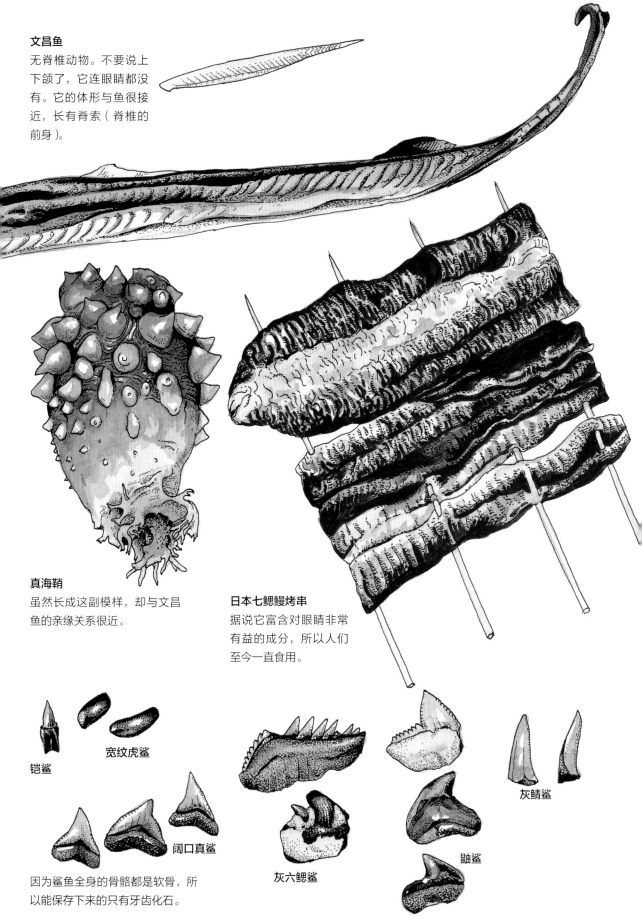

文昌鱼

无脊椎动物。不要说上下颌了，它连眼睛都没有。它的体形与鱼很接近，长有脊索（脊椎的前身）。

真海鞘

虽然长成这副模样，却与文昌鱼的亲缘关系很近。

日本七鳃鳗烤串

据说它富含对眼睛非常有益的成分，所以人们至今一直食用。

铠鲨

宽纹虎鲨

阔口真鲨

灰六鳃鲨

鼬鲨

灰鲭鲨

因为鲨鱼全身的骨骼都是软骨，所以能保存下来的只有牙齿化石。

脊椎图鉴

　　最初鱼类的身体里面并没有坚硬的骨头。反而为了保护鱼身免受敌害，在身体表面长有坚硬的甲板。

　　后来，使得行动迟缓的体表骨骼逐渐退化，鱼类逐渐形成了能让身体频繁做出各种动作的结实的脊椎。

各类鱼的脊椎

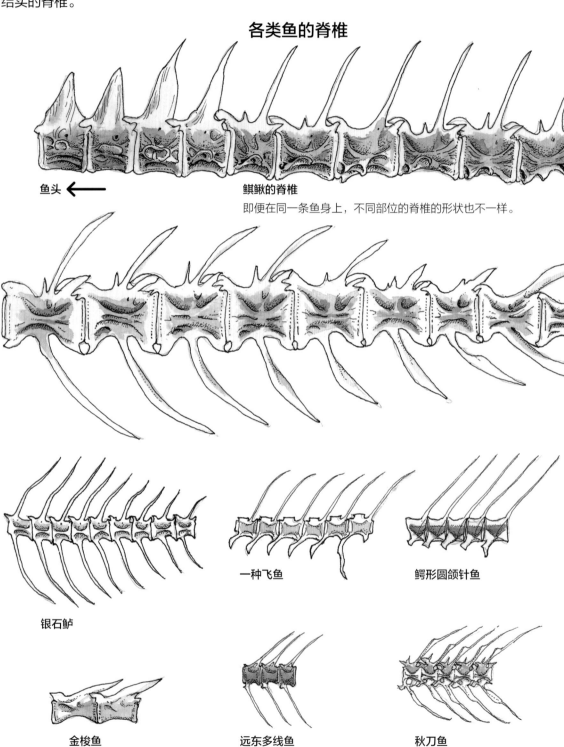

鱼头 ←

鲯鳅的脊椎
即便在同一条鱼身上，不同部位的脊椎的形状也不一样。

银石鲈

一种飞鱼

鳄形圆颌针鱼

金梭鱼

远东多线鱼

秋刀鱼

鲨鱼的脊柱
它被做成宠物狗的点心售卖。鲨鱼的脊柱是软骨，
所以水煮后会变软。

鲑鱼脊柱罐头（日本）
因为鲑鱼的脊柱比较柔软，
所以可以做成罐头食用。

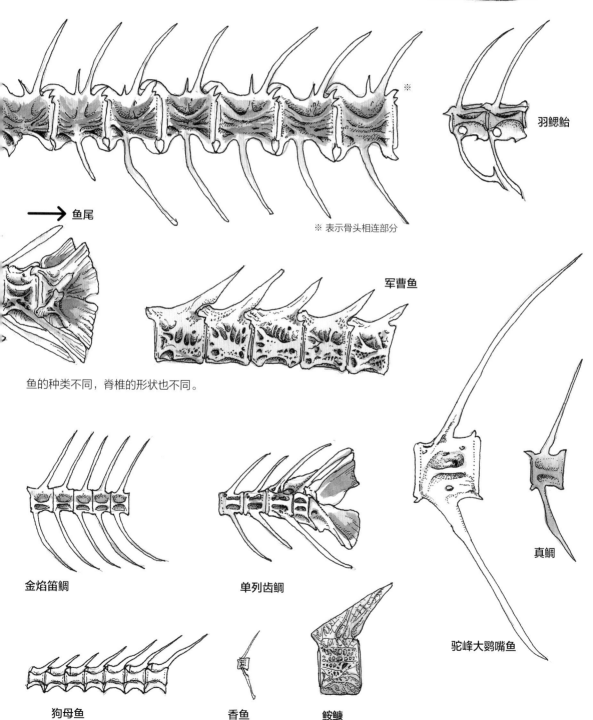

羽鳃鲐

→ 鱼尾

※ 表示骨头相连部分

军曹鱼

鱼的种类不同，脊椎的形状也不同。

真鲷

金焰笛鲷

单列齿鲷

驼峰大鹦嘴鱼

狗母鱼

香鱼

鮟鱇

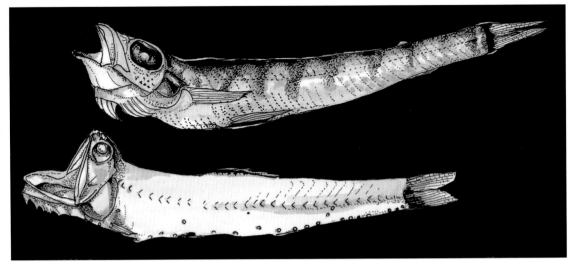

上：**大眼青眼鱼**（北青眼鱼）下：**巨眶灯鱼**

■内的图片与实物大小一致

它们的腹部一侧带有发光器。图中画的是鱼干，可以直接烤着吃。

鱼长出了脊椎后开始探索各种海域。北部海
域、珊瑚礁、深海都开始有了它们的身影……

深海餐厅

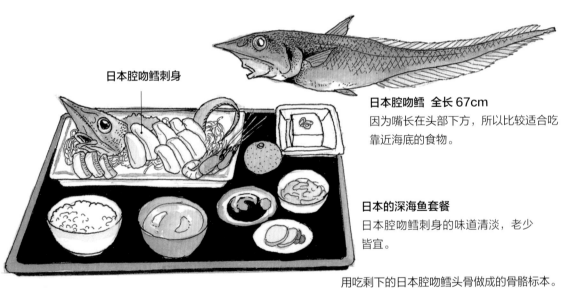

日本腔吻鳕刺身

日本腔吻鳕　全长 67cm
因为嘴长在头部下方，所以比较适合吃
靠近海底的食物。

日本的深海鱼套餐
日本腔吻鳕刺身的味道清淡，老少
皆宜。

用吃剩下的日本腔吻鳕头骨做成的骨骼标本。

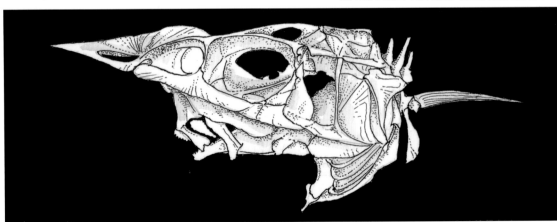

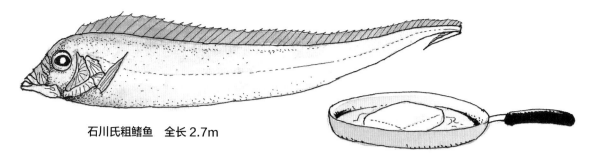

石川氏粗鳍鱼　全长 2.7m

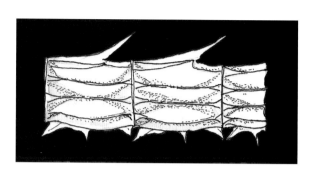

我试着用油煎烤从渔民那里买来的石川氏粗鳍鱼，结果发现雪白的鱼肉不管怎么煎烤也不会变硬，软乎乎的，有点儿腥，不好吃。

石川氏粗鳍鱼的脊椎像纸工艺品一样，又薄又纤细，使这种鱼看上去似乎不太能做剧烈运动。

棘鳞蛇鲭　全长 2m

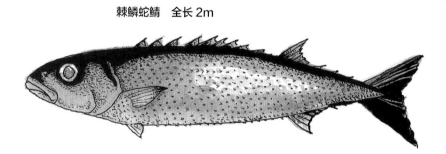

棘鳞蛇鲭体内含有很多油脂，这些油脂是人体无法消化的，而且食用过量会引发腹泻，所以被一些国家禁止食用。有了这些油脂，棘鳞蛇鲭不用怎么费力游动也能够漂浮在水中。

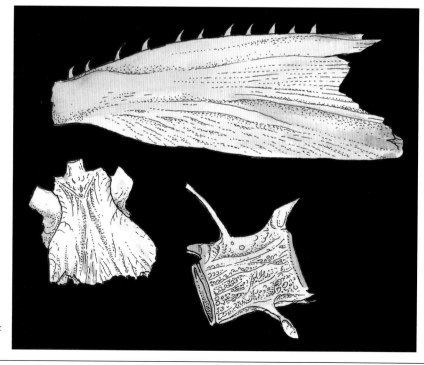

棘鳞蛇鲭的骨头比较稀疏。

鱼子酱的主人

　　鱼子酱是谁产的卵？鲟鱼？那就是说鱼子酱是鲨鱼产的卵吗？不对不对，鲟鱼和鲨鱼是完全不同的种类。

　　鲨鱼是比较原始的鱼类，没有硬骨（鲟鱼长有硬骨）。不过从产卵方式来看，鲨鱼倒是想了不少办法，有的直接产下小鲨鱼，也有的产下由卵鞘包裹着的卵。

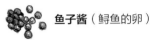
鱼子酱（鲟鱼的卵）

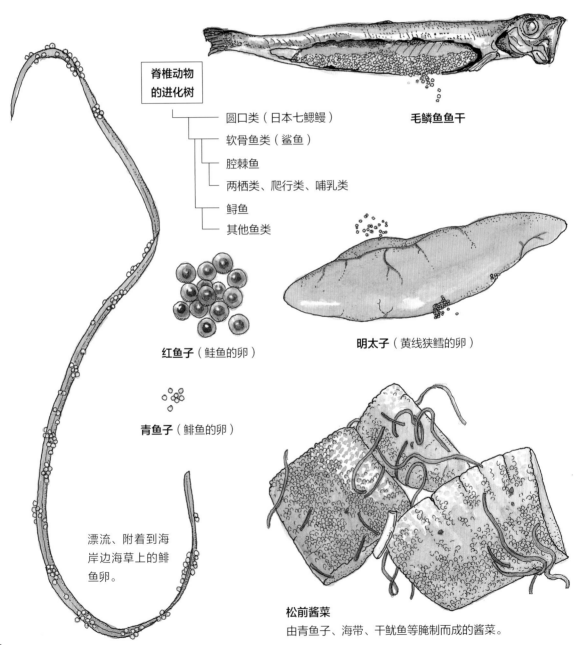

毛鳞鱼鱼干

脊椎动物
的进化树

圆口类（日本七鳃鳗）

软骨鱼类（鲨鱼）

腔棘鱼

两栖类、爬行类、哺乳类

鲟鱼

其他鱼类

红鱼子（鲑鱼的卵）

青鱼子（鲱鱼的卵）

明太子（黄线狭鳕的卵）

漂流、附着到海岸边海草上的鲱鱼卵。

松前酱菜
由青鱼子、海带、干鱿鱼等腌制而成的酱菜。

漂流到海岸边的各种鱼的卵鞘

鲨鱼和鳐鱼产下的卵包裹在卵鞘中。另外，有些鲨鱼会待体内的幼鲨成形后直接产出。

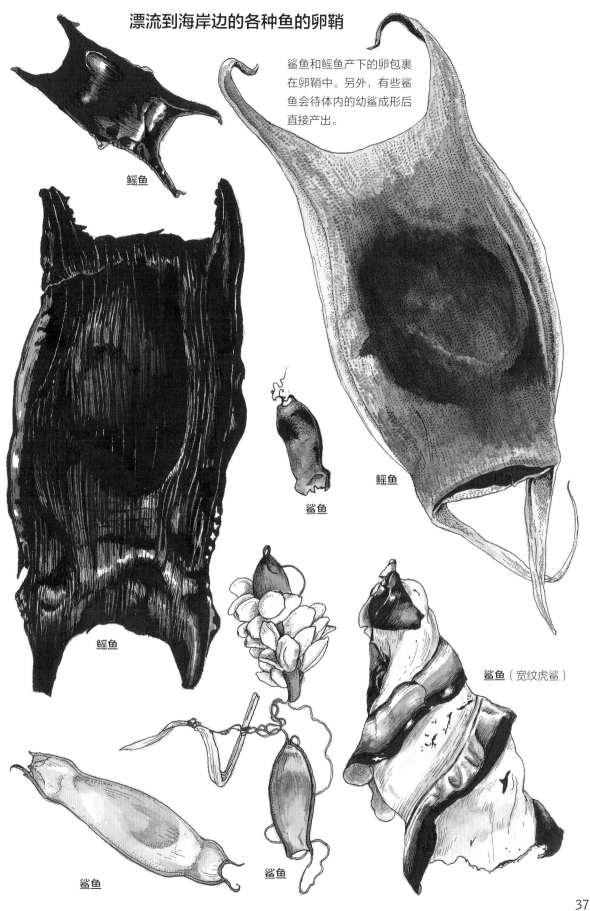

鳐鱼

鳐鱼

鲨鱼

鳐鱼

鳐鱼

鲨鱼（宽纹虎鲨）

鲨鱼

鲨鱼

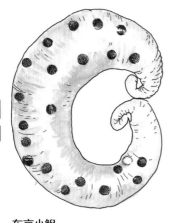

东京小鲵
两栖类在水中产卵，卵不耐
干燥。

灰鼠蛇

蛇卵或蜥蜴卵的
壳很软，不太耐
干燥。

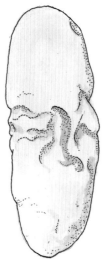

半环扁尾海蛇

琉球龙蜥

变色龙

卵产出体外时
会两个紧贴
在一起。

疣尾蜥虎
壁虎卵的壳很硬。

鳄鱼类
与恐龙、鸟类比较接
近，鳄鱼卵很硬。

蟳龟

各种两栖类、爬行类、鸟类的卵

鸟卵很硬，这可
能起源于恐龙。

金眶鸻

白腹蓝姬鹟

厚嘴海鸦

鹅

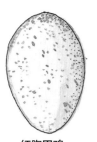

红胸田鸡

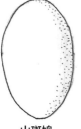

山斑鸠

白胸苦恶鸟

黑水鸡

暗绿绣眼鸟

斑嘴鸭

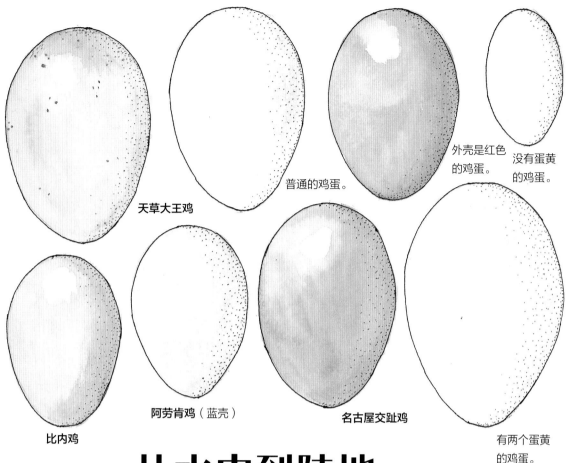

普通的鸡蛋。

外壳是红色
的鸡蛋。

没有蛋黄
的鸡蛋。

天草大王鸡

比内鸡

阿劳肯鸡（蓝壳）

名古屋交趾鸡

有两个蛋黄
的鸡蛋。

从水中到陆地

恐龙蛋碎片
生活在白垩纪时
期的萨尔塔龙的
蛋壳，厚 4mm。

3.7 亿年前，从水中生活的鱼中进化出了可适应陆地生活的生物。

初登陆的鱼类进化出了两栖类。不过，两栖类的卵还是在水中孵化。之后更适应陆地生活的爬行类，开始在陆地上产卵。到了恐龙出现的时候，它们产下的卵就变得又坚硬又能抵御干燥了。鸟类被认为是恐龙的后代。之后又经过了漫长的时间，人们熟识的鸡蛋才出现。

鹌鹑

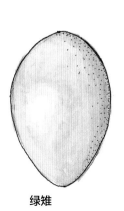

绿雉

珠鸡

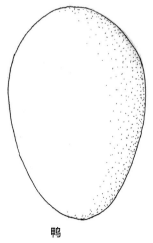

鸭

卵的比较

蛇卵没有卵白。虽说这些都是卵，但卵的大小和卵内构成却大不相同。

同样是鸟卵，鸡蛋和鹅蛋的大小就不同，卵黄和卵白的比例也不一样。

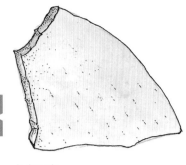

象鸟蛋壳
象鸟曾被认为是世界上存在过的最大的鸟，它的蛋壳厚度达 3mm。象鸟原本栖息在马达加斯加岛，后因人类活动而灭绝。一个象鸟蛋大概有 183 个鸡蛋那么大。

卵黄在胚胎生长发育时提供养分，而卵白则是储存水分的场所。蛇卵和龟卵的卵壳较软，可以直接从卵周围的泥土中吸收水分，而鸟卵中则储备了胚胎发育必需的所有水分。

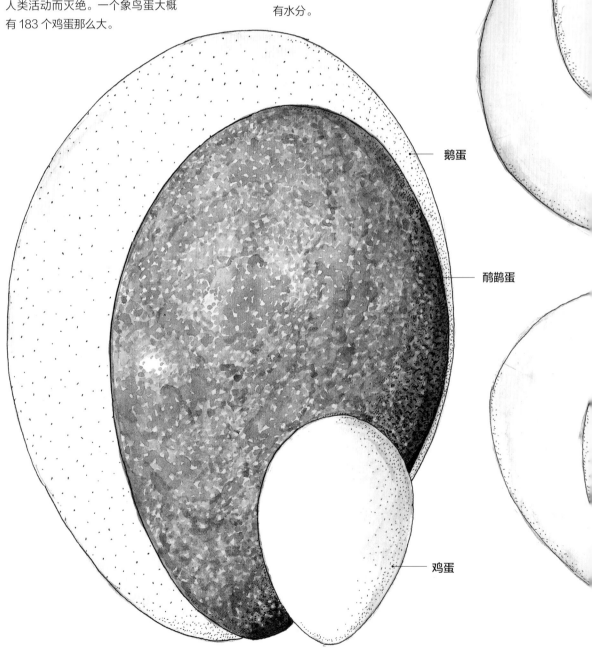

鹅蛋

鸸鹋蛋

鸡蛋

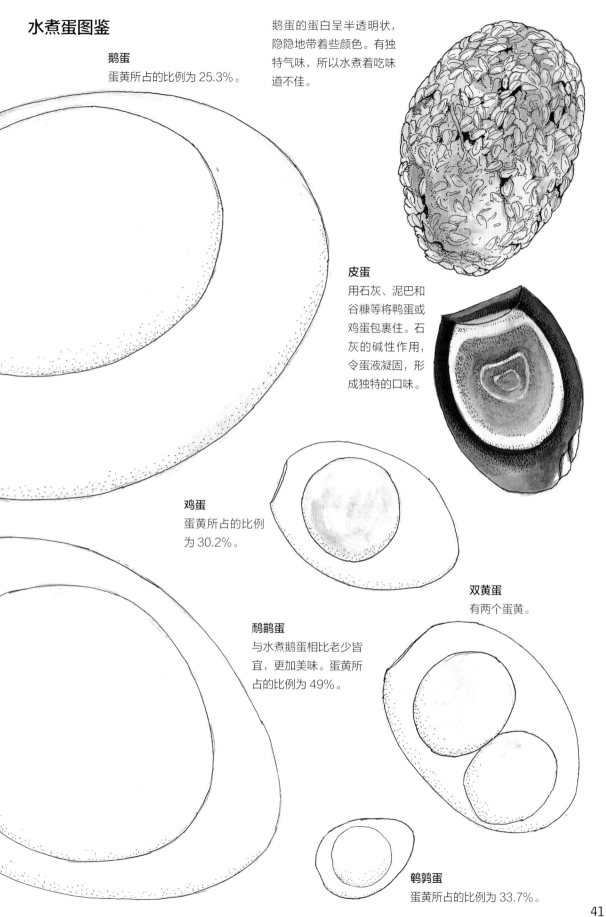

水煮蛋图鉴

鹅蛋
蛋黄所占的比例为 25.3%。

鹅蛋的蛋白呈半透明状，隐隐地带着些颜色。有独特气味，所以水煮着吃味道不佳。

皮蛋
用石灰、泥巴和谷糠等将鸭蛋或鸡蛋包裹住。石灰的碱性作用，令蛋液凝固，形成独特的口味。

鸡蛋
蛋黄所占的比例为 30.2%。

鸭蛋
与水煮鹅蛋相比老少皆宜，更加美味。蛋黄所占的比例为 49%。

双黄蛋
有两个蛋黄。

鹌鹑蛋
蛋黄所占的比例为 33.7%。

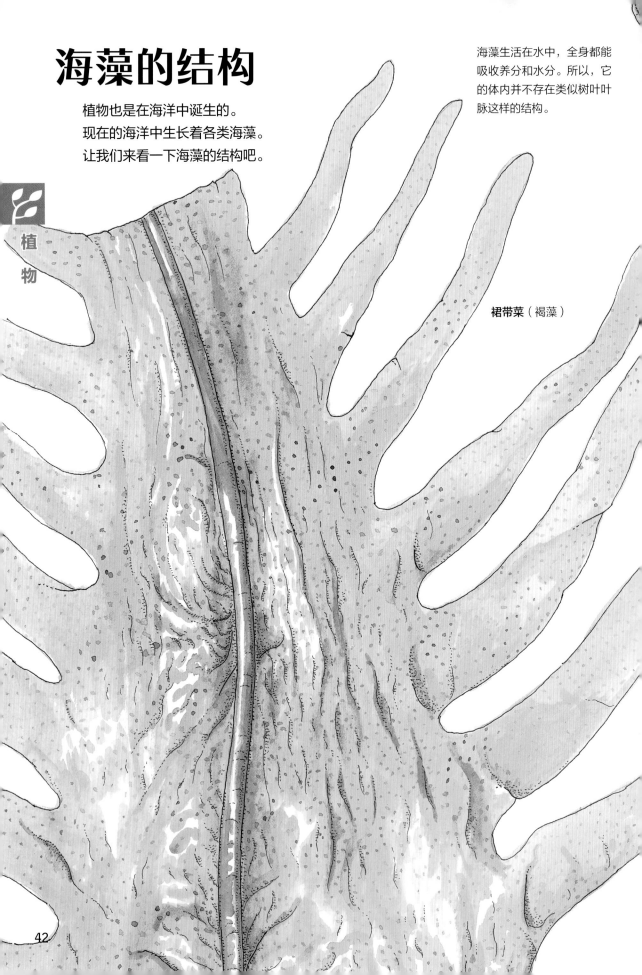

海藻的结构

植物也是在海洋中诞生的。
现在的海洋中生长着各类海藻。
让我们来看一下海藻的结构吧。

海藻生活在水中，全身都能
吸收养分和水分。所以，它
的体内并不存在类似树叶叶
脉这样的结构。

裙带菜（褐藻）

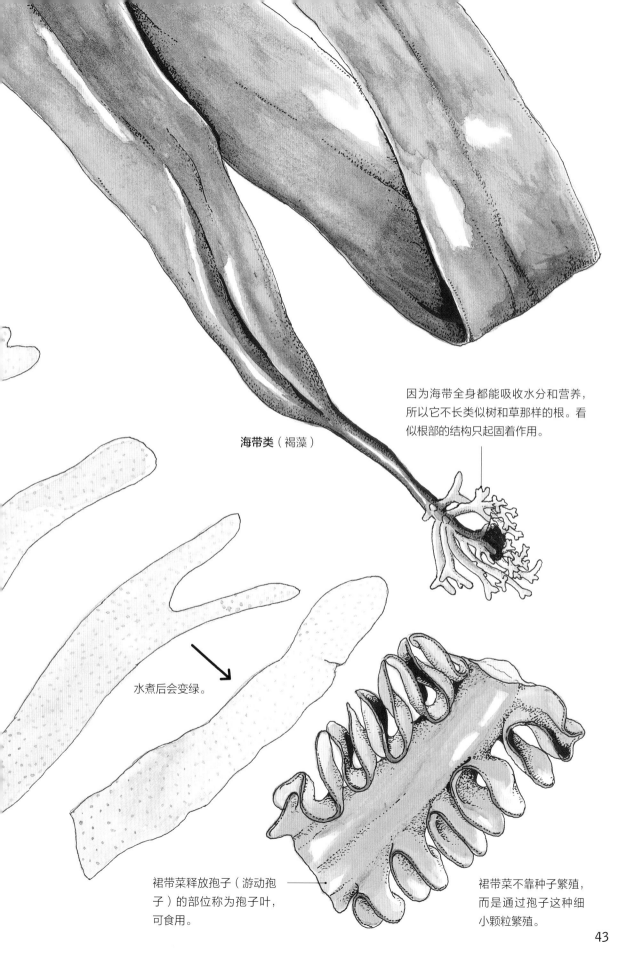

海带类（褐藻）

因为海带全身都能吸收水分和营养，所以它不长类似树和草那样的根。看似根部的结构只起固着作用。

水煮后会变绿。

裙带菜释放孢子（游动孢子）的部位称为孢子叶，可食用。

裙带菜不靠种子繁殖，而是通过孢子这种细小颗粒繁殖。

不同类群的颜色

褐藻、绿藻和红藻都属于海藻。

虽然同为海藻，但褐藻却与其他两类海藻相去甚远。其中的绿藻最终进化成了陆地上的植物。

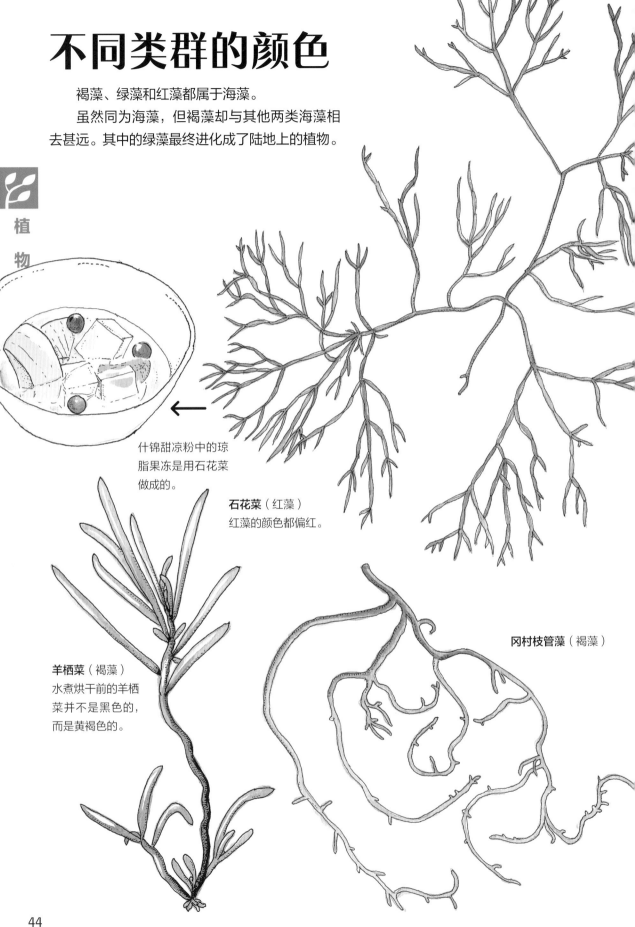

什锦甜凉粉中的琼脂果冻是用石花菜做成的。

石花菜（红藻）
红藻的颜色都偏红。

羊栖菜（褐藻）
水煮烘干前的羊栖菜并不是黑色的，而是黄褐色的。

冈村枝管藻（褐藻）

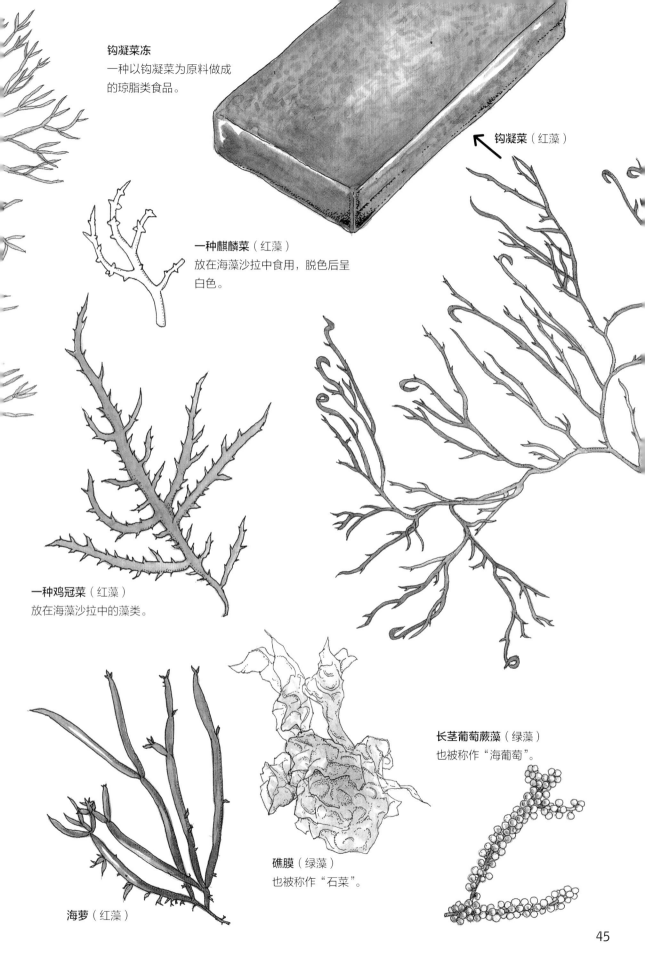

钩凝菜冻
一种以钩凝菜为原料做成的琼脂类食品。

钩凝菜（红藻）

一种麒麟菜（红藻）
放在海藻沙拉中食用，脱色后呈白色。

一种鸡冠菜（红藻）
放在海藻沙拉中的藻类。

长茎葡萄蕨藻（绿藻）
也被称作"海葡萄"。

礁膜（绿藻）
也被称作"石莼"。

海萝（红藻）

最初的森林

原本一直生活在海里的植物终于开始走向陆地。

最开始出现在陆地的植物是一种苔藓。在大约 3.6 亿年到 3 亿年前的古生代石炭纪，最初的森林终于开始覆盖陆地。这一时期森林的主角是蕨类这种不开花的植物。

其中的一部分蕨类植物被人们食用。

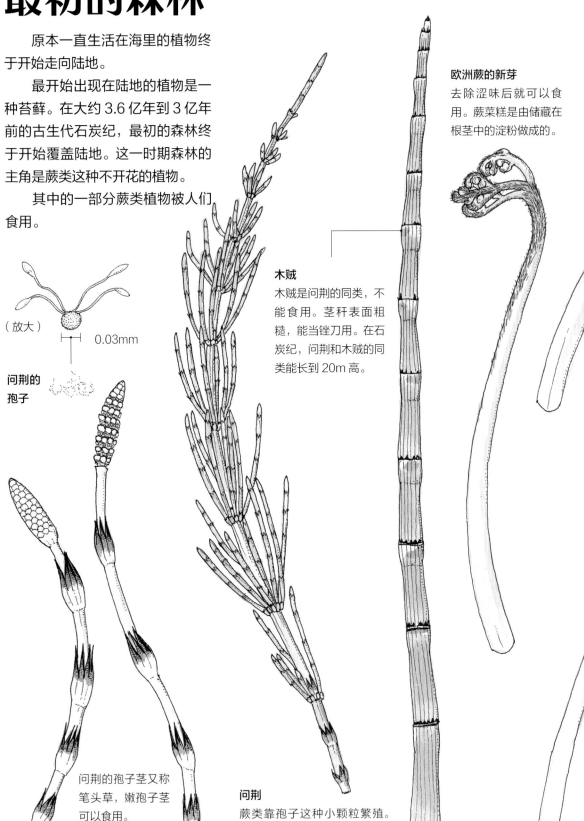

（放大）

0.03mm

问荆的
孢子

欧洲蕨的新芽
去除涩味后就可以食用。蕨菜糕是由储藏在根茎中的淀粉做成的。

木贼
木贼是问荆的同类，不能食用。茎秆表面粗糙，能当锉刀用。在石炭纪，问荆和木贼的同类能长到 20m 高。

问荆的孢子茎又称笔头草，嫩孢子茎可以食用。

问荆
蕨类靠孢子这种小颗粒繁殖。问荆是一种蕨类植物，它产生孢子的器官叫孢子茎。

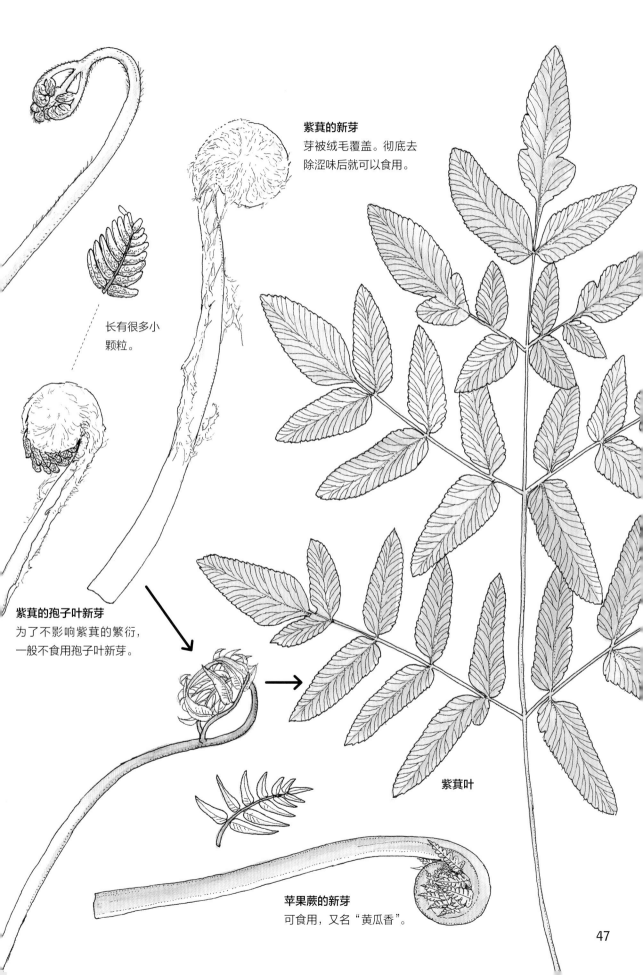

紫萁的新芽
芽被绒毛覆盖。彻底去
除涩味后就可以食用。

长有很多小
颗粒。

紫萁的孢子叶新芽
为了不影响紫萁的繁衍,
一般不食用孢子叶新芽。

紫萁叶

苹果蕨的新芽
可食用,又名"黄瓜香"。

从种子到果实

植物登上陆地后，主角更替频繁。从苔藓到蕨类，又从蕨类到开花植物。

开花植物改变了植物用孢子繁殖的现状，转而用比孢子更大的种子进行繁殖。

种子里储存着营养，使得植物后代更容易成活。同时为了便于种子的传播，种子的外侧变甜，最终成功结出了果实。植物经过漫长的努力，终于结出了人们熟悉的水果。

植
物

苏铁

种子外侧的种皮变红，开始发挥类似果实的作用。

作为恐龙时代的植物主角，裸子植物并不会结果。

苏铁

苏铁的种子有毒，不可以食用。树干含有淀粉，虽然经过处理后有人食用，但也有毒。

各种裸子植物的种子

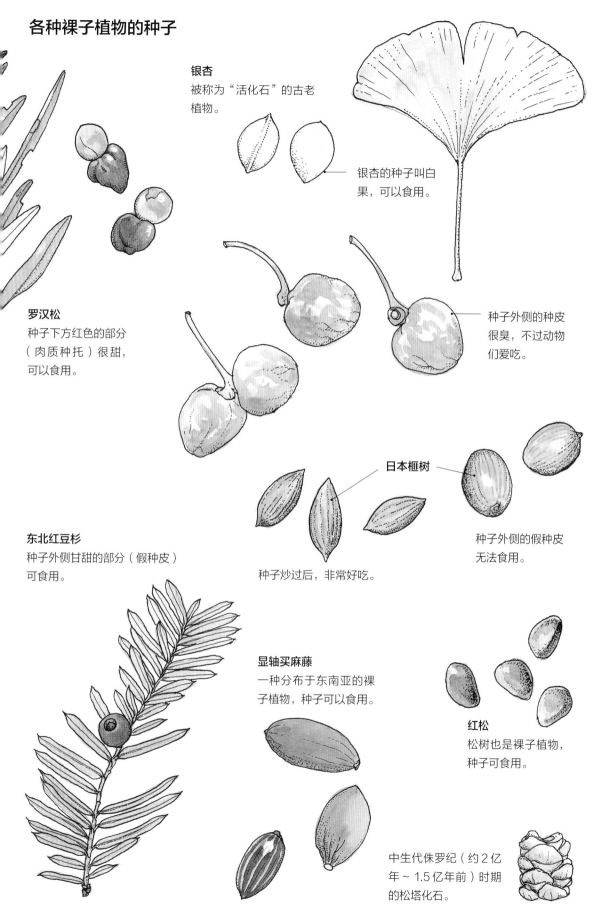

银杏
被称为"活化石"的古老
植物。

银杏的种子叫白
果，可以食用。

种子外侧的种皮
很臭，不过动物
们爱吃。

罗汉松
种子下方红色的部分
（肉质种托）很甜，
可以食用。

日本榧树

种子外侧的假种皮
无法食用。

东北红豆杉
种子外侧甘甜的部分（假种皮）
可食用。

种子炒过后，非常好吃。

显轴买麻藤
一种分布于东南亚的裸
子植物，种子可以食用。

红松
松树也是裸子植物，
种子可食用。

中生代侏罗纪（约2亿
年～1.5亿年前）时期
的松塔化石。

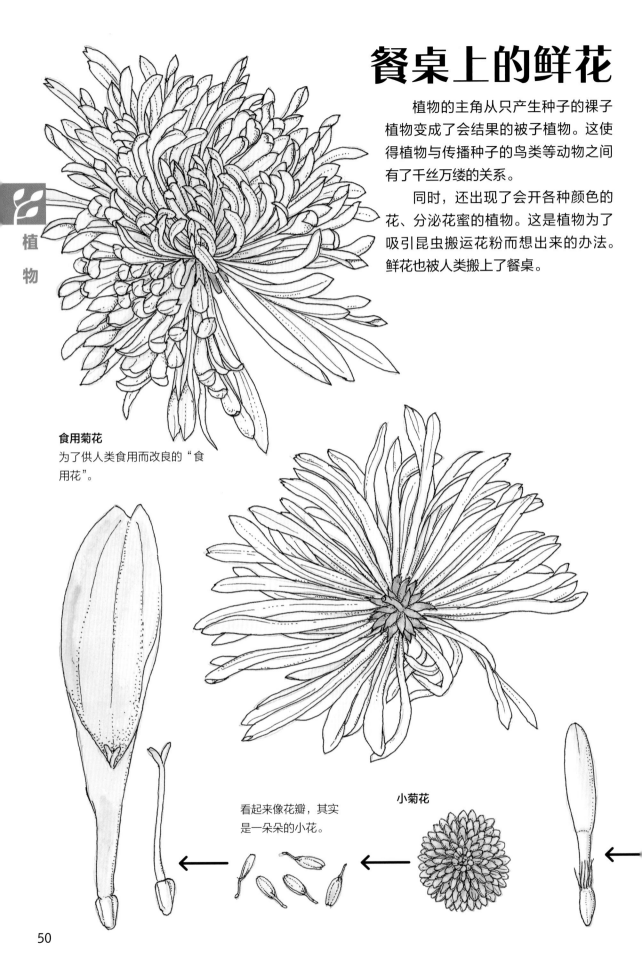

餐桌上的鲜花

植物的主角从只产生种子的裸子植物变成了会结果的被子植物。这使得植物与传播种子的鸟类等动物之间有了千丝万缕的关系。

同时，还出现了会开各种颜色的花、分泌花蜜的植物。这是植物为了吸引昆虫搬运花粉而想出来的办法。鲜花也被人类搬上了餐桌。

食用菊花
为了供人类食用而改良的"食用花"。

看起来像花瓣，其实是一朵朵的小花。

小菊花

一种兰花
常被用来当作料理中
的装饰物。

最初培植的目的是为了
观赏，后来也逐渐被用
到了食物里。

食用三色堇

西蓝花
最初的野生种
与卷心菜是同
一个物种。卷
心菜的食用部
位是叶子，而
西蓝花的食用
部位是花蕾。

蜂斗菜
食用部分也是蜂斗
菜的花。

小的一朵朵的才是真
正的花。

蜂斗菜花球的解剖图

西蓝花的花

1万年的好搭档

最初，人类吃的是捕捉或采集到的野生动植物。然而从距今1万年前起，人们开始了植物的种植（农业）。从生物的进化历史来看，1万年不过是很短的时间而已。但是，正是在这短短的1万年中，人类种植的野生植物发生了显著的变化。我们先以豆类为例看一下农作物品种的变化。就算是由同种野生植物改良而成的农作物，其颜色和形状也大不相同。而且，一旦离开了人类的栽培，它们将会灭绝。

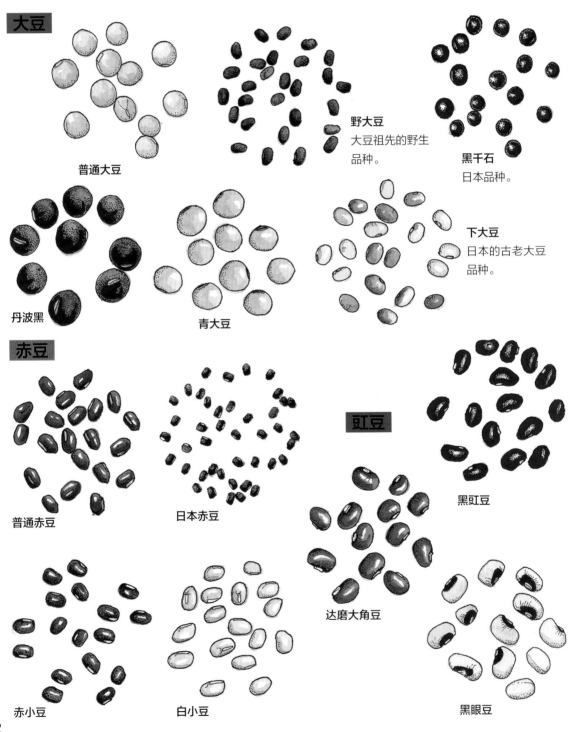

大豆

普通大豆

野大豆
大豆祖先的野生品种。

黑千石
日本品种。

丹波黑

青大豆

下大豆
日本的古老大豆品种。

赤豆

普通赤豆

日本赤豆

豇豆

黑豇豆

达磨大角豆

赤小豆

白小豆

黑眼豆

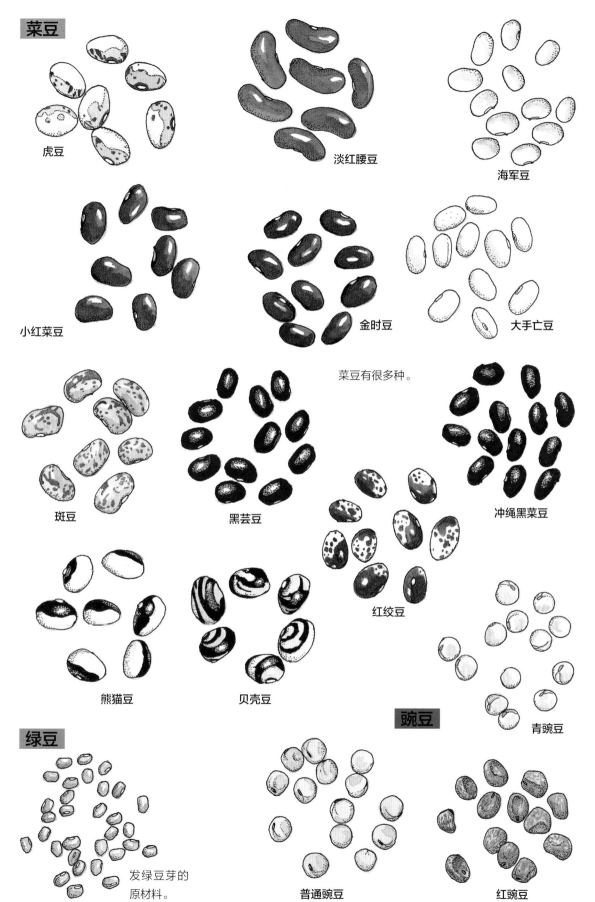

菜豆

虎豆

淡红腰豆

海军豆

小红菜豆

金时豆

大手亡豆

菜豆有很多种。

斑豆

黑芸豆

冲绳黑菜豆

红绞豆

熊猫豆

贝壳豆

豌豆

青豌豆

绿豆

发绿豆芽的
原材料。

普通豌豆

红豌豆

竹笋

竹笋是竹子的新芽。竹子也有很多种，有时还会开花。看到竹子的花，你会发现它与我们常见的水稻的花十分相似。竹子虽然看上去像树，但和水稻一样属于禾本科植物。

孝顺竹的花
在日本南部常见。

包括竹子在内的禾本科植物原本也会开出非常美丽的花，但后来它们的花瓣发生了退化，进化为由风力来传粉。

毛竹的叶子
通常，毛竹笋主要供人食用。

绿竹笋

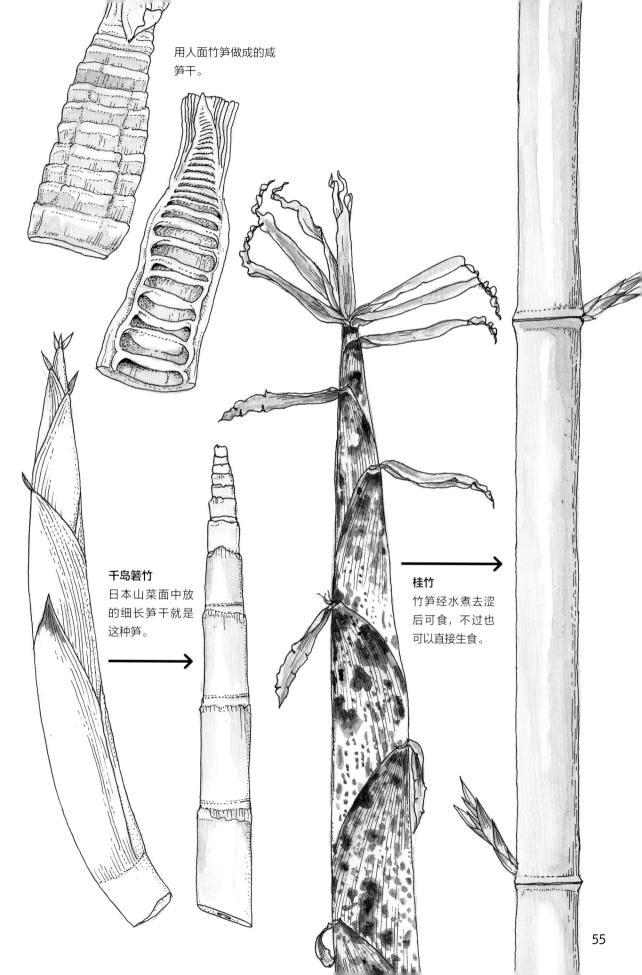

用人面竹笋做成的咸笋干。

千岛箬竹
日本山菜面中放的细长笋干就是这种笋。

桂竹
竹笋经水煮去涩后可食，不过也可以直接生食。

和谁关系更近

　　一到秋天，山上就会冒出各式各样的蘑菇。看一下超市，你会发现里面全年都摆放着蘑菇。但是，蘑菇究竟是什么，是植物吗？可它们又不是绿色的……

　　生物不是只有动物和植物。蘑菇和霉菌同属于一个独立的群体，即真菌。其实，相较于植物而言，真菌与动物的关系更近。

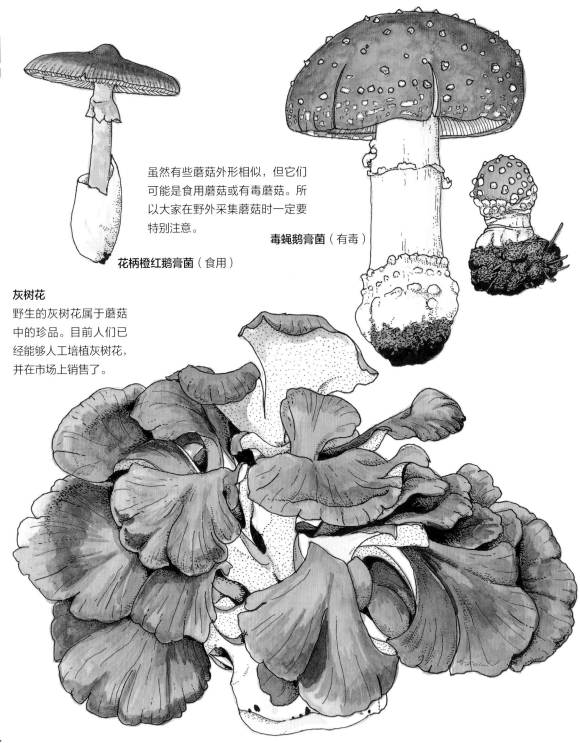

虽然有些蘑菇外形相似，但它们可能是食用蘑菇或有毒蘑菇。所以大家在野外采集蘑菇时一定要特别注意。

毒蝇鹅膏菌（有毒）

花柄橙红鹅膏菌（食用）

灰树花
野生的灰树花属于蘑菇中的珍品。目前人们已经能够人工培植灰树花，并在市场上销售了。

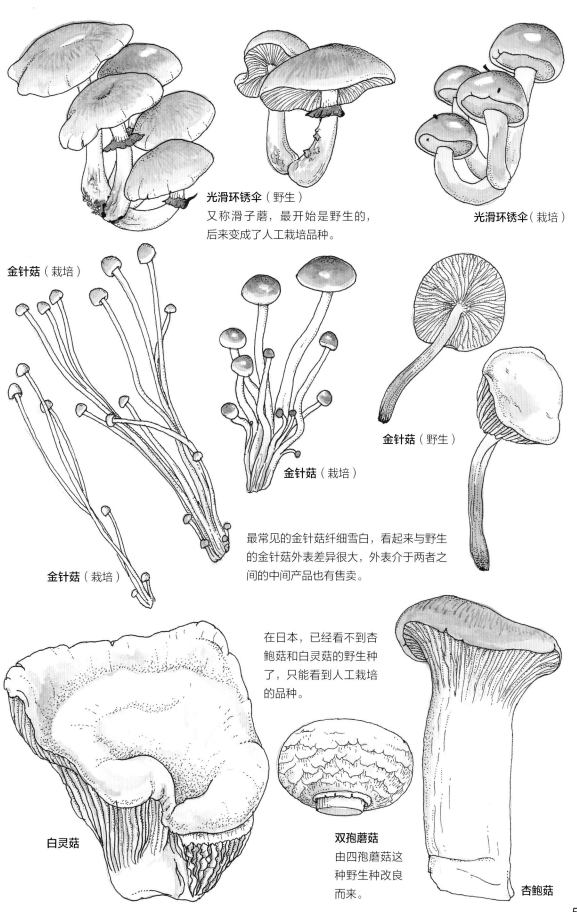

光滑环锈伞（野生）
又称滑子蘑，最开始是野生的，
后来变成了人工栽培品种。

光滑环锈伞（栽培）

金针菇（栽培）

金针菇（栽培）

金针菇（野生）

最常见的金针菇纤细雪白，看起来与野生
的金针菇外表差异很大，外表介于两者之
间的中间产品也有售卖。

金针菇（栽培）

在日本，已经看不到杏
鲍菇和白灵菇的野生种
了，只能看到人工栽培
的品种。

白灵菇

双孢蘑菇
由四孢蘑菇这
种野生种改良
而来。

杏鲍菇

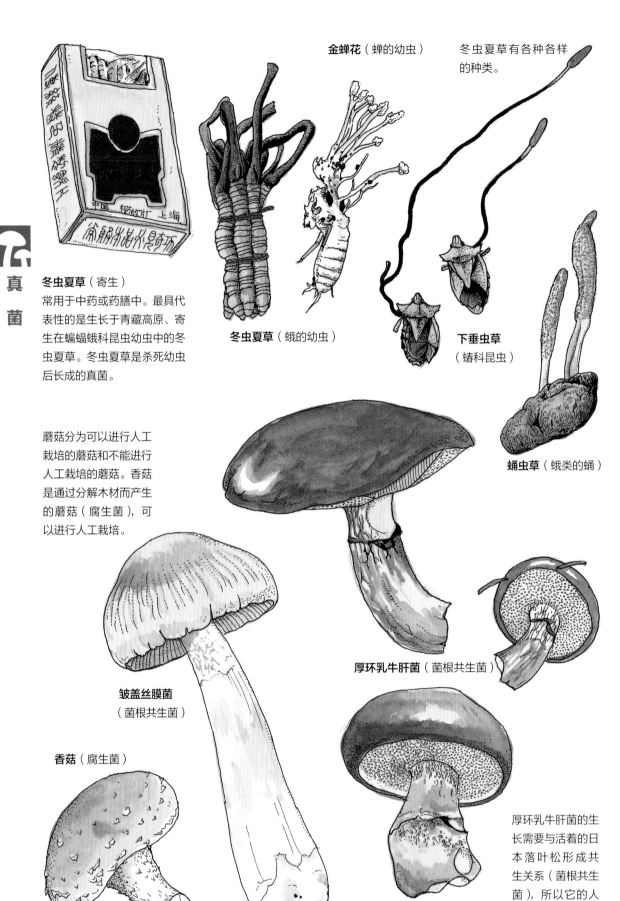

真菌

金蝉花（蝉的幼虫）

冬虫夏草有各种各样的种类。

冬虫夏草（寄生）
常用于中药或药膳中。最具代表性的是生长于青藏高原、寄生在蝙蝠蛾科昆虫幼虫中的冬虫夏草。冬虫夏草是杀死幼虫后长成的真菌。

冬虫夏草（蛾的幼虫）

下垂虫草
（蝽科昆虫）

蛹虫草（蛾类的蛹）

蘑菇分为可以进行人工栽培的蘑菇和不能进行人工栽培的蘑菇。香菇是通过分解木材而产生的蘑菇（腐生菌），可以进行人工栽培。

厚环乳牛肝菌（菌根共生菌）

皱盖丝膜菌
（菌根共生菌）

香菇（腐生菌）

厚环乳牛肝菌的生长需要与活着的日本落叶松形成共生关系（菌根共生菌），所以它的人工栽培比较困难。

共生

    真菌喜欢和其他的生物构建某种关系。

    它们或附着在动物或植物身上（寄生），或通过植物根部和植物进行养分交换（共生），或从死去的动植物身上获取营养（腐生），生物与生物之间的各种联系，造就了地球上生物的多样。

茭白
菰茎中寄生的菰黑粉菌，能使其幼嫩茎部变粗。膨大的茎部被称为茭白，可像竹笋一样做菜吃。

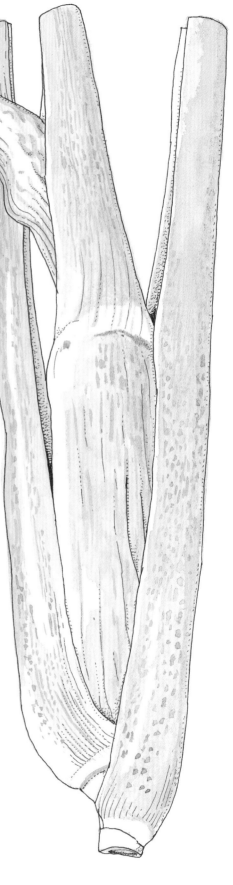

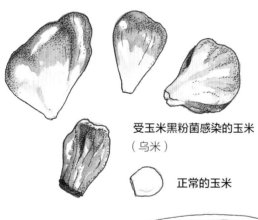

受玉米黑粉菌感染的玉米（乌米）

正常的玉米

乌米罐头（墨西哥）
有些地方会将感染了玉米黑粉菌的玉米（乌米）拿来吃。

❶ 灵芝 一种中药。❷ 毛木耳（中国）❸ 羊栖菜（日本）❹ 假荜拨 将未成熟的果实晒干磨成粉后可做香辛料。❺ 樱花虾 生活在深海中的小型虾。❻ 雪茶 也叫作地茶，其实是一种地衣，可泡茶。（中国）❼ 蚁巢玉 一种与蚂蚁共生的附生植物，切片后泡茶喝。（印度尼西亚）❽ 长裙竹荪（中国）❾ 人面竹笋 可以做成咸笋干。（日本）❿ 虾夷盘扇贝 可以做成干贝。（日本）⓫ 柱状田头菇（茶树菇）（中国）⓬ 海参类 用于煮炖食物。（日本）⓭ 银耳（日本）⓮ 普通念珠藻 又称"地木耳"，是一种陆生蓝藻，可以进行光合作用。（中国）⓯ 紫萁（日本）

士兵的答案

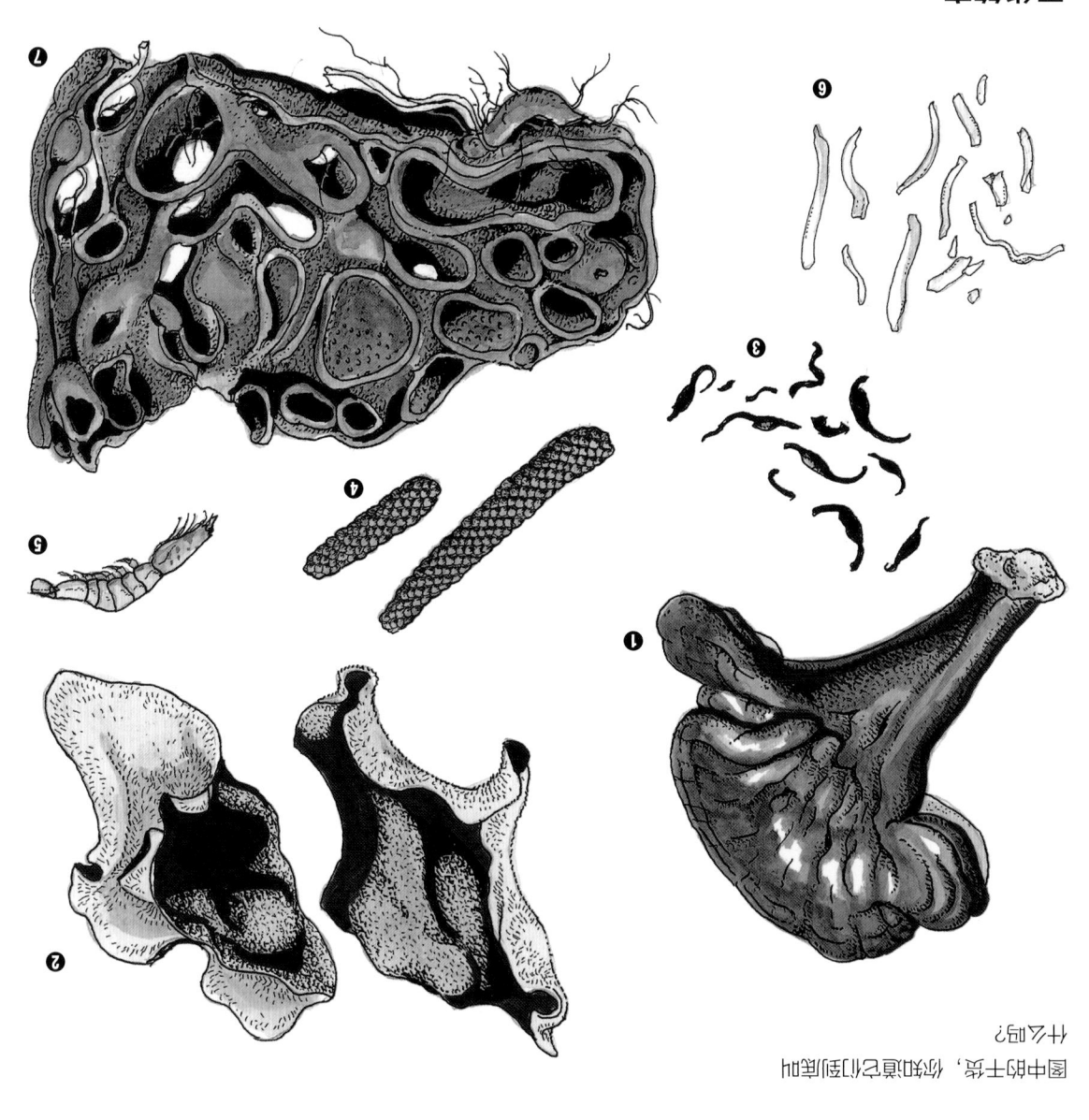

什么吗？

图中的士兵，你知道它们到底是

我们过去认为蘑菇是多样生物中的一员，除了"动物"和"植物"，来呈捧。

它们有"动物"和"植物"。

我们每天都要吃很多食物，归根结底，这些食物都是生物，那么它们都有哪些门类呢？

食 美味的"大力神"

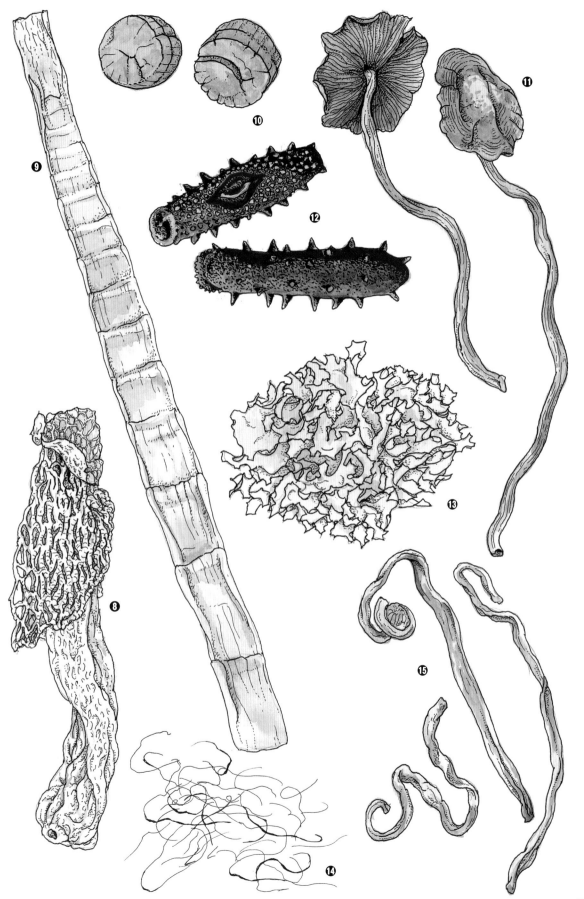

本书中出场的生物

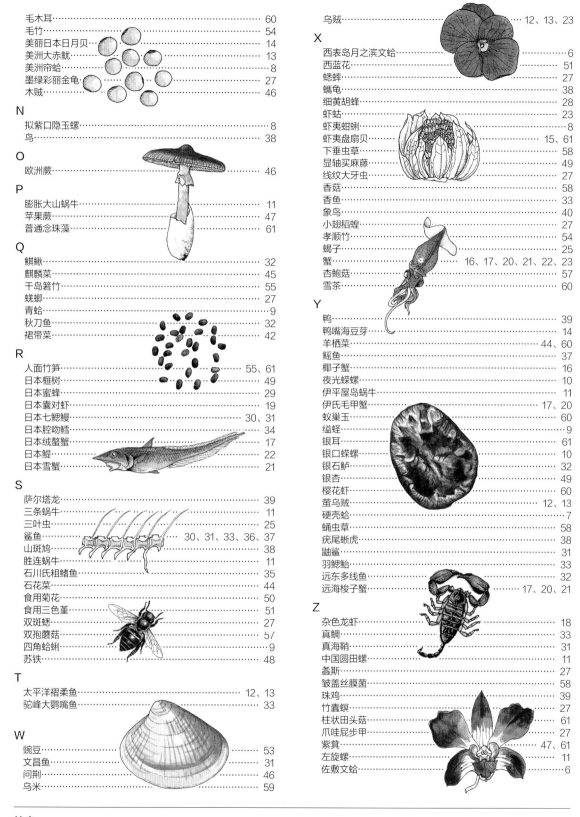

答案

你吃过哪些蘑菇（第2页）

①厚环乳牛肝菌 ②香菇 ③花柄橙红鹅膏菌 ④双孢蘑菇 ⑤木生条孢牛肝菌 ⑥白黑拟牛肝多孔菌 ⑦灰褐纹口蘑 ⑧光滑环锈伞 ⑨皱盖丝膜菌 ⑩翘鳞肉齿菌 ⑪金顶侧耳 ⑫金针菇 ⑬杏鲍菇 ⑭长根小奥德蘑 ⑮平菇 ⑯金黄褶口蘑 ⑰乳牛肝菌 ⑱紫丁香蘑 ⑲荷叶离褶伞 ⑳亮色乳菇 ㉑松口蘑（松茸）

作者简介

[日]盛口 满

　　1962 年生于日本千叶县，千叶大学理科部生物学专业毕业，外号"螳蜥先生"。自 1985 年起任职于自由之森学园，担任初、高中部生物课的教师。2000 年从该校辞职后，移居冲绳，接着担任 NPO 法人珊瑚舍学校的教师。2007 年任教于冲绳大学人文学部。著作包括《我的收藏：寻找大自然的宝藏》（福音馆书店，后浪引进）、《如何描画生物——观察自然的方法》（东京大学出版会，后浪引进）、《螳蜥先生的蔬菜探险记》（木魂社）、《捡拾采集我的橡实图鉴》（岩崎书店）、《制造泥土的生物——杂木林的绘本》（合著·岩崎书店）等。

《盛口满的手绘自然图鉴》系列

即将出版　　　　　即将出版

图书在版编目（CIP）数据

盛口满的手绘自然图鉴. 餐桌上的生物进化 /(日) 盛口满文、图；程俐译. -- 北京：中国友谊出版公司，2019.10（2023.6重印）
ISBN 978-7-5057-4800-2

Ⅰ.①盛… Ⅱ.①盛…②程… Ⅲ.①自然科学—儿童读物②食品微生物—图集Ⅳ.①N49②TS201.3-64

中国版本图书馆CIP数据核字(2019)第165473号

著作权合同登记号 图字：01-2019-3951

TABEMONO DE MITSUKETA SHINKA NO FUSHIGI
© MITSURU MORIGUCHI 2015
Originally published in Japan in 2015 by SHONEN SHASHIN SHIMBUNSHA、INC.
Chinese(Simplified Character only) translation rights arranged with
SHONEN SHASHIN SHIMBUNSHA、INC. through TOHAN CORPORATION, TOKYO.
Simplified Chinese translation edition is published by Ginkgo(Beijing) Book Co., Ltd.
本书中文简体版权归属于银杏树下（北京）图书有限责任公司

书　　名　盛口满的手绘自然图鉴：餐桌上的生物进化
作　　者　[日]盛口满 文·图
译　　者　程 俐
筹划出版　后浪出版公司
出版统筹　吴兴元
编辑统筹　冉华蓉
责任编辑　周亚灵
助理编辑　高 榕
特约编辑　郭春艳
营销推广　ONEBOOK
装帧制造　墨白空间·唐志永

经　　销　新华书店
出版发行　中国友谊出版公司
　　　　　北京市朝阳区西坝河南里17号楼
　　　　　邮编 100028　电话（010）64678009
印　　刷　天津图文方嘉印刷有限公司
规　　格　787毫米×1092毫米　16开
　　　　　4.5印张　52千字
版　　次　2019年10月第1版
印　　次　2023年6月第4次印刷
书　　号　ISBN 978-7-5057-4800-2
定　　价　49.80元

官方微博　@浪花朵朵童书
读者服务　reader@hinabook.com 188-1142-1266
投稿服务　onebook@hinabook.com 133-6631-2326
直销服务　buy@hinabook.com 133-6657-3072

山的味道，海的味道

食物不仅只有超市中常见的鱼、肉和蔬菜。山野、河川、海洋中还生活着其他很多可以成为食物的生物。它们是只有狩猎者和采集者才能品尝到的山和海的味道。

梅花鹿 *

亚洲黑熊 *

野猪

带黄胡蜂

带黄胡蜂的幼虫

炒鹿肉面

干炸鹿肉

酱拌熊肉

煮猪肉

烧鲫鱼

蜂蛹饭

蝗虫佃煮

鱼蛉等幼虫佃煮

珍馐便当（日本）

捉细黄胡蜂（获取蜂蛹）

斑纹角石蛾的幼虫

蝗虫（小翅稻蝗）

捕捉鱼蛉、石蝇和石蛾等的幼虫

捕捉蝗虫

* 编注：亚洲黑熊和梅花鹿在我国属于国家保护动物，严禁猎杀。